Training Note
トレーニングノートα 数学A

JN092721

は じ め に

　数学の勉強をする際に，公式や解き方を丸暗記してしまう人がいます。しかし，そのような方法では，すぐに忘れてしまいます。問題演習を重ねれば，公式やその活用方法は自然と身につくものですが，ただ漫然と問題を解くのではなく，その公式の成り立ちや特徴を理解しながら解いていくことが大切です。そうすれば，記憶は持続されます。

　本書は，レベルを教科書程度の基本から標準に設定し，理解をするために必要な問題を精選しています。また，直接書き込みながら勉強できるように，余白を十分にとっていますので，ノートは不要です。

　 POINTS では，押さえておくべき公式や重要事項をまとめています。 Check では，どの公式や重要事項を用いるかの指示や，どのように考えるのかをアドバイスしています。さらに，解答・解説では，図などを使って詳しく解き方を示していますので，自学自習に最適です。

　皆さんが本書を最大限に活用して，数学の理解が進むことを心から願っています。

目 次

① 集合の要素の個数

解答 ▶ 別冊P.2

📝 POINTS

1 有限集合の要素の個数

$n(A \cup B) = n(A) + n(B) - n(A \cap B)$

$A \cap B = \varnothing$ のとき, $n(A \cup B) = n(A) + n(B)$

2 補集合の要素の個数

全体集合 U が有限集合のとき, U の部分集合 A の補集合 $\overline{A}$

の要素の個数は, $n(\overline{A}) = n(U) - n(A)$

3 ド・モルガンの法則の利用

$n(\overline{A} \cap \overline{B}) = n(\overline{A \cup B})$, $n(\overline{A} \cup \overline{B}) = n(\overline{A \cap B})$

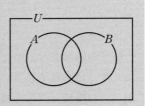

✅ Check

1 $U = \{1, 2, 3, 4, 5, 6, 7, 8, 9, 10\}$ を全体集合とする。 U の部分集合 $A = \{1, 3, 5, 7, 9\}$, $B = \{3, 6, 9\}$ について, 次の集合の要素の個数を求めよ。

☐(1) $A \cup B$ ☐(2) $A \cap B$

☐(3) $\overline{A} \cap \overline{B}$

↳**1** (1)の $A \cup B$ は A と B の和集合, (2)の $A \cap B$ は A と B との共通部分を表す。

(3) 📝 POINTS **2**, **3** 参照。

2 生徒 50 人に聞いたところ, サッカーが好きな生徒は 36 人, 野球が好きな生徒は 28 人, どちらも好きでない生徒は 9 人 であった。次の生徒の人数を求めよ。

☐(1) サッカーと野球の少なくとも一方が好きな生徒

☐(2) サッカーと野球の両方とも好きな生徒

☐(3) サッカーだけが好きな生徒

↳**2** サッカー, 野球が 好きな生徒の集合を それぞれ A, B とする。
(1) $n(A \cup B)$
$= 50 - n(\overline{A \cup B})$
$= 50 - n(\overline{A} \cap \overline{B})$

(2) $n(A \cap B)$
$= n(A) + n(B)$
$\quad - n(A \cup B)$

(3) $n(A \cap \overline{B})$
$= n(A) - n(A \cap B)$

3 100 から 200 までの整数のうち，次のような整数は何個あるか求めよ。

↪ 3 (1) ⊘ POINTS 1 参照。

□(1) 4 または 5 で割り切れる整数

□(2) 4 で割り切れない整数

(2) ⊘ POINTS 2 参照。

□(3) 4 で割り切れないで，5 で割り切れる整数

(3) 4 の倍数，5 の倍数の集合をそれぞれ A, B とする。
$n(\overline{A} \cap B)$
$= n(B) - n(A \cap B)$

4 全体集合 U とその部分集合 A, B について，$n(U) = 10$, $n(\overline{A} \cap \overline{B}) = 4$, $n(A \cap B) = 1$, $n(A \cap \overline{B}) = 3$ である。このとき，次の集合の要素の個数を求めよ。

↪ 4 (1) $n(A \cup B)$
$= n(U) - n(\overline{A \cup B})$
$= n(U) - n(\overline{A} \cap \overline{B})$

□(1) $A \cup B$

□(2) A

(2) $n(A)$
$= n(A \cap B) + n(A \cap \overline{B})$

□(3) B

(3) $n(B) = n(U) - n(\overline{B})$
$n(\overline{B})$
$= n(A \cap \overline{B}) + n(\overline{A} \cap \overline{B})$

② 場合の数

📎 POINTS

1 和の法則

2つの事柄 A, B は同時には起こらないとする。A の起こり方が m 通り，B の起こり方が n 通りとすると，A または B のどちらかが起こる場合の数は，**$m+n$ 通り**

2 積の法則

2つの事柄 A, B があって，A の起こり方が m 通りあり，そのそれぞれに対して，B の起こり方が n 通りあるとすると，A と B がともに起こる場合の数は，**mn 通り**

5 大小2個のさいころを同時に投げるとき，目の和が次のような場合は何通りあるか。　5 📎 POINTS 1 参照。

☐(1)　6または7　　　　　☐(2)　10以上

☐ **6** 大小2個のさいころを同時に投げるとき，目の差が2または　6 📎 POINTS 1 参照。
3になるのは何通りあるか。

☐ **7** シャツが10種類，ズボンが6種類，靴が5種類ある中から，　7 📎 POINTS 2 参照。
それぞれ1種類ずつ選ぶ着用の方法は何通りあるか。

8 次の式を展開するとき，項は何個できるか。

↳ 8 ⬛ POINTS 2 参照。

□(1) $(a+b+c+d)(x+y+z)$

□(2) $(a+b)(p+q+r)(x+y+z)$

□ **9** 180 の正の約数は何個あるか。

↳ 9 180 を素因数分解する。
⬛ POINTS 2 参照。

10 大中小 3 個のさいころを投げるとき，次の場合は何通りあるか。

□(1) 目の積が奇数

↳ 10 (1)「積が奇数」とは，すべての目が奇数のとき。
⬛ POINTS 2 参照。

□(2) 目の和が偶数

(2)「和が偶数」とは，すべての目が偶数のときか，奇数の目が 2 個で偶数の目が 1 個のとき。
⬛ POINTS 1 , 2 参照。

3 順 列 ①

解答 ▶ 別冊P.3

✎ POINTS

1 順 列

異なる n 個のものから r 個を取り出して 1 列に並べる順列の総数は,

$$_n\mathrm{P}_r = \underbrace{n(n-1)(n-2)\cdots(n-r+1)}_{r\text{個の数の積}} = \frac{n!}{(n-r)!}$$

2 階 乗

$$_n\mathrm{P}_n = n(n-1)(n-2)\cdots\cdots 3\cdot 2\cdot 1 = n!, \qquad 0! = 1$$

✓ Check

11 次の値を求めよ。

☐ (1) $_8\mathrm{P}_3$

☐ (2) $_7\mathrm{P}_4$

↳ **11** (1)(2) ✎ POINTS 1 参照。

☐ (3) $_5\mathrm{P}_5$

☐ (4) $6!$

(3)(4) ✎ POINTS 2 参照。

☐ **12** 12 人の生徒の中から,部長,副部長,会計の 3 人を選ぶ方法は何通りあるか。ただし,兼任は認めないものとする。

↳ **12** 12 人の中から 3 人を選んで 1 列に並べ,順に部長,副部長,会計とすることと同じ。✎ POINTS 1 参照。

□ **13** 男子4人，女子2人が1列に並ぶとき，女子2人が隣り合うような並び方は，全部で何通りあるか。

を見ると13女子2人を1人とみなして考える。

13 女子2人を1人とみなして考える。 ⌐ POINTS 2 参照。

14 6個の文字 a, b, c, d, e, f 全部を1列に並べるとき，次のような並べ方は何通りあるか。

14 (1)両端を固定して考える。

□(1) a と b が両端にくる場合

□(2) a と b が隣り合わない場合

(2)全体から，a と b が隣り合う場合を除けばよい。

15 7個の数字 0，1，2，3，4，5，6から異なる数字を使ってできる次のような4桁(けた)の整数は何個あるか。

15 (1)一の位が奇数になり，千の位は0以外である。

□(1) 奇数

□(2) 5400 より大きい数

(2)千の位が6と5のときに分ける。

第1章 第2章 第3章

④ 順 列 ②

✎ POINTS

1 円順列

異なる n 個のものを円形に並べる円順列の総数は，$(n-1)!$

2 数珠順列

異なる n 個のものを数珠状に並べる数珠順列の総数は，$\dfrac{(n-1)!}{2}$

3 重複順列

異なる n 個のものから，重複を許して r 個を取り出して１列に並べる重複順列の総数は，n^r

✅ **Check**

16 先生２人と生徒６人が円形のテーブルを囲んで座るとき，次の問いに答えよ。

↳ **16** (1) ✎ POINTS **1** 参照。

□(1) 座り方は何通りあるか。

□(2) 先生が向かい合う座り方は何通りあるか。

(2)先生２人を向かい合うように固定して，6人の生徒を残った席に配置する。

□ **17** 男子３人と女子３人が男女交互に手をつないで１つの輪を作る方法は何通りあるか。

↳ **17** 男子３人（または女子３人）を，先に配置して，その間に残りの人を入れていく。

18 異なる8色の玉を1個ずつつないで輪を作るとき，次の問い
に答えよ。

↪ 18 (1) ✐ POINTS 2
参照。

□(1) 輪の作り方は何通りあるか。

□(2) 特定の2色を隣り合わせにすると，輪の作り方は何通りある
か。

(2) ✐ POINTS 1 , 2
参照。

19 4個の数字1，2，3，4を用いると，次のような数は何個で
きるか。ただし，同じ数字を重複して使ってもよい。

↪ 19 (1) ✐ POINTS 3
参照。

□(1) 3桁(けた)の整数

□(2) 5桁の偶数

(2)偶数だから一の位が
偶数で，他の位は何で
もよい。

□ **20** 6人の生徒を，3つのコースP，Q，Rに分ける方法は何通
りあるか。ただし，1人も行かないコースがあってもよいも
のとする。

↪ 20 ✐ POINTS 3 参照。

⑤ 組合せ ①

📝 POINTS

1 組合せ

異なる n 個のものから r 個を取り出して 1 組にする組合せの総数は,

$$_n\mathrm{C}_r = \frac{_n\mathrm{P}_r}{r!} = \frac{n(n-1)(n-2)\cdots(n-r+1)}{r(r-1)(r-2)\cdots 3 \cdot 2 \cdot 1}, \qquad _n\mathrm{C}_r = \frac{n!}{r!\,(n-r)!}$$

2 $_n\mathrm{C}_r$ の性質

$_n\mathrm{C}_r = {}_n\mathrm{C}_{n-r}$ （ただし, $0 \leq r \leq n$）

$_n\mathrm{C}_r = {}_{n-1}\mathrm{C}_{r-1} + {}_{n-1}\mathrm{C}_r$ （ただし, $1 \leq r \leq n-1$）

$_n\mathrm{C}_0 = 1$

✔Check

21 次の値を求めよ。

□(1) $_8\mathrm{C}_1$

□(2) $_{10}\mathrm{C}_3$

↳ 21 (1)(2) 📝 POINTS 1 参照。

□(3) $_{40}\mathrm{C}_{39}$

□(4) $_{40}\mathrm{C}_0$

(3)(4) 📝 POINTS 1 , 2 参照。

□ **22** 男子 5 人, 女子 6 人の中から委員 4 人を選ぶ方法は, 何通りあるか。また, 男子 2 人, 女子 2 人の委員を選ぶ方法は, 何通りあるか。

↳ 22 📝 POINTS 1 参照。

23 正七角形について，次の数を求めよ。

□(1) 正七角形の頂点のうちの4個を結んでできる四角形の個数

↳ **23** (1)7個の頂点から4個を選べば，四角形が1つできる。

□(2) 対角線の本数

(2)7個の頂点から2個選べば1本定まるが，隣り合う2点のときは対角線にならない。

□ **24** 右の図のように，4本の平行線と6本の平行線が交わっている。この平行線で囲まれる平行四辺形は何個あるか。

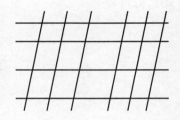

↳ **24** 縦方向2本，横方向2本で，平行四辺形が1つできる。

25 9人のメンバーから5人を選ぶとき，次のような場合は何通りあるか。

□(1) 特定の2人A，Bを含む場合

↳ **25** (1)A，B以外のメンバーから3人を選べばよい。

□(2) 特定の2人A，Bのうち，少なくとも1人を含む場合

(2)(全体)−(A，Bを2人とも選ばない組合せ)

6 組合せ ②

POINTS

1 組分け（組に区別があるとき）

n 人を A，B，C の3組に分け，A が p 人，B が q 人，C が r 人のとき，分け方の総数は，

$_nC_p \cdot _{n-p}C_q \cdot _{n-p-q}C_r$

2 組分け（組に区別がないとき）

n 人を p 人，q 人，r 人の3組に分けるとき，分け方の総数は，

$p = q \neq r$ ならば，$_nC_p \cdot _{n-p}C_q \cdot _{n-p-q}C_r \div 2!$

$p = q = r$ ならば，$_nC_p \cdot _{n-p}C_q \cdot _{n-p-q}C_r \div 3!$

✓Check

26 8人の生徒を，次のように2組に分ける方法は何通りあるか。

□(1) 3人，5人の2組に分ける。

26 (1) POINTS 1 参照。

□(2) A，B の2組に4人ずつ分ける。

(2) POINTS 1 参照。

□(3) 4人ずつの2組に分ける。

(3) POINTS 2 参照。

□(4) A，B の2組に分ける。

27 9 人の生徒を，次のように 3 組に分ける方法は何通りあるか。 → 27 (1) 📎 POINTS 1 参照。

□(1) 2 人，3 人，4 人の 3 組に分ける。

□(2) A，B，C の 3 組に 3 人ずつ分ける。 (2) 📎 POINTS 1 参照。

□(3) 3 人ずつの 3 組に分ける。 (3) 📎 POINTS 2 参照。

□(4) 2 人，2 人，5 人の 3 組に分ける。 (4) 📎 POINTS 2 参照。

□ **28** 6 人を A，B，C の 3 組に分ける方法は何通りあるか。 → 28 各人に 3 通りの組の選び方があるが，0 人の組ができる場合を除く。つまり，6 人が 1 つの組にはいる場合と，2 つの組にはいる場合を除く。

POINTS

1 同じものを含む順列

n 個のもののうちで，p 個，q 個，r 個，……がそれぞれ同じものであるとき，これら n 個のものを全部並べてできる順列の総数は，$\dfrac{n!}{p!\,q!\,r!\,\cdots\cdots}$　（ただし，$p+q+r+\cdots\cdots=n$）

2 重複組合せ

n 種類のものから重複を許して r 個取り出す組合せの総数は，${}_{n+r-1}\mathrm{C}_r$

✔ **Check**

□ **29** 1，1，1，2，2，3 の 6 個の数字を全部使ってできる 6 桁の整数の個数を求めよ。　　↳ 29 ⊘ POINTS 1 参照。

□ **30** suggest という単語の文字をすべて使ってできる順列の総数を求めよ。　　↳ 30 ⊘ POINTS 1 参照。

□ **31** りんご，なし，みかんを合計 7 個買うことにする。買わない果物の種類があってもよいとすると，何通りの買い方があるか。　　↳ 31 ⊘ POINTS 2 参照。

□ **32** x, y, z が自然数のとき，方程式 $x+y+z=12$ を満たす解の組は何通りあるか。

↳ **32** $x'+y'+z'=9$ を満たす 0 以上の整数 x'，y'，z' を，**⌀ POINTS** ② を用いて解く。x'，y'，z' に 1 ずつ加えた数を，x，y，z と考えればよい。

33 右の図のように，東西に 4 本，南北に 6 本の道があるとき，次の場合，最短距離で行く道順は何通りあるか。

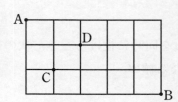

↳ **33** (1)東に 1 区画進むことを→，南に 1 区画進むことを↓と表すと，5 個の→と 3 個の↓を並べる順列となる。**⌀ POINTS** ①参照。

□(1) A から B へ行く場合

□(2) A から C を通って，B へ行く場合

(2)A から C へ行くのは，1 個の→と 2 個の↓を並べる順列となり，C から B へは，4 個の→と 1 個の↓を並べる順列となる。

□(3) A から C，D を通らずに，B へ行く場合

(3)(1)から C または D を通る道順を除く。

第1章　第2章　第3章

15

⑧ 事象と確率

解答 ▶ 別冊P.7

🖊 POINTS

1 事　象
試行の結果起こる事柄を**事象**といい，事象の最小単位を**根元事象**という。

2 確率の定義
根元事象がどれも同様に確からしいとき，事象 A の起こる確率 $P(A)$ は，

$$P(A) = \frac{\text{事象 } A \text{ の起こる場合の数}}{\text{起こりうるすべての場合の数}}$$

34 2個のさいころを同時に投げるとき，次の確率を求めよ。

☑(1)　目の和が6になる確率

☑(2)　目の積が6の倍数になる確率

☑(3)　目の差が2になる確率

☑(4)　少なくとも1つの目が5になる確率

✅ Check

↳ **34** 🖊 POINTS 2 参照。

(1)(1, 5)，(2, 4)，
……，(5, 1) のとき，
目の和が6になる。

(2)かけると6の倍数に
なる2つの数を考える。

(3)2つの目を x と y と
すると，$x-y=2$ と
$y-x=2$ がある。

(4)「少なくとも1つの
目が5」とは，片方だ
けが5のときと，両方
とも5のときがある。

☐ **35** 3枚の硬貨を同時に投げるとき，表が2枚，裏が1枚出る確率を求めよ。

↳ **35** それぞれの根元事象が同様に確からしいとして，確率を考えるために，硬貨には区別があるものとする。

36 男子6人，女子8人のグループで，係3人をくじで選ぶとき，次の確率を求めよ。

↳ **36** 全事象の要素の個数は $_{14}C_3$ である。

☐(1) 女子3人が選ばれる確率

☐(2) 男子2人，女子1人が選ばれる確率

(2)男子2人，女子1人が選ばれる事象の要素の個数は，$_6C_2 \times _8C_1$ である。

37 3人でじゃんけんを1回するとき，次の確率を求めよ。

☐(1) 1人だけが勝つ確率

↳ **37** (1)3人のだれか1人が，グー，チョキ，パーの3種類のどれか1つを出して勝つ。

☐(2) だれも勝たない（あいこになる）確率

(2)あいこになるには，全員が同じ種類を出すときと，全員が異なる種類を出すときがある。

17

⑨ 確率の基本性質 ①

✎ POINTS

1 確率の基本性質

事象 A の起こる確率 $P(A)$ について，$0 \leqq P(A) \leqq 1$

空事象 $\varnothing$，全事象 U の確率について，$P(\varnothing)=0$，$P(U)=1$

2 排反のときの和事象の確率

事象 A，B が互いに排反であるとき，A または B が起こる確率は，

$P(A \cup B)=P(A)+P(B)$

□ **38** 1個のさいころを投げる試行において，偶数の目が出る事象を A，6 の約数の目が出る事象を B とする。次の事象の起こる確率を，それぞれ小さなものから順に並べよ。

　ア　事象 A 　　　　イ　事象 B

　ウ　積事象 $A \cap B$ 　　エ　和事象 $A \cup B$

　オ　空事象 $\varnothing$ 　　　　カ　全事象 U

↳ 38 ✎ POINTS 1 参照。

ウ　2，6 の目が出る確率を求める。

エ　1，2，3，4，6 の目が出る確率を求める。

□ **39** ジョーカーを除くトランプ 52 枚の中から 1 枚を引くとき，ハートかスペードのどちらかのカードを引く確率を求めよ。

↳ 39 ✎ POINTS 2 参照。

40 袋の中に，赤玉が4個，白玉が5個，黒玉が6個はいっている。この中から同時に3個の玉を取り出すとき，次の確率を求めよ。

□(1) 3個とも同じ色である確率

40 (1)3個とも赤玉になる事象と，3個とも白玉になる事象，3個とも黒玉になる事象は互いに排反である。

□(2) 黒玉が2個以上である確率

(2)黒玉が2個の事象と，黒玉が3個の事象がある。

□(3) 白玉と黒玉がともに1個以上である確率

(3)白玉と黒玉が1個ずつで，残りの1個の玉は，どの色でもよい。

41 1から9までの番号をそれぞれ1つずつ書いた9枚のカードがある。この中から同時に3枚のカードを引くとき，次の確率を求めよ。

□(1) 番号の最大の数が6以下である確率

41 (1)1から6までの中から3枚を選ぶ確率である。

□(2) 番号の最大の数が3の倍数である確率

(2)最大の数が3, 6, 9のときの，それぞれの確率を求める。

⑩ 確率の基本性質 ②

✎ POINTS

1 排反でないときの和事象の確率

事象 A, B が互いに排反でないとき，A または B が起こる確率は，

$$P(A \cup B) = P(A) + P(B) - P(A \cap B)$$

2 余事象の確率

事象 A の余事象 $\overline{A}$ の確率は，　$P(\overline{A}) = 1 - P(A)$

□ **42** ジョーカーを除く 52 枚のトランプの中から 1 枚を引いたとき，ハートのカードまたは絵札が出る確率を求めよ。

↳ 42 ✎ POINTS 1 参照。

43 1 から 50 までの番号をそれぞれ 1 つずつ書いた 50 枚のカードがある。この中から 1 枚のカードだけ引くとき，次の確率を求めよ。

□(1) 2 の倍数かつ 3 の倍数である確率

□(2) 2 の倍数または 3 の倍数である確率

(2) ✎ POINTS 1 参照。

□ **44** 3本の当たりくじを含む15本のくじがある。この中から同時に3本のくじを引くとき，少なくとも1本は当たる確率を求めよ。

↳ 44 ✎ POINTS 2 参照。

□ **45** 6枚の硬貨を投げるとき，少なくとも1枚は表が出る確率を求めよ。

↳ 45 ✎ POINTS 2 参照。

46 袋の中に，赤玉6個，白玉5個，黒玉3個がはいっている。この中から，3個の玉を同時に取り出すとき，次の確率を求めよ。

↳ 46 (1)3個とも白玉である事象の余事象である。

□(1) 少なくとも1個が赤玉または黒玉である確率

□(2) 少なくとも1個が白玉である確率

(2)白玉が0個である事象の余事象である。白玉が0個のとき，赤玉と黒玉の9個から3個選ぶことになる。

✎ POINTS

1 独立な試行の確率

2つの独立な試行 T_1, T_2 において，T_1 では事象 A，T_2 では事象 B がともに起こる確率は，

$$P(A \cap B) = P(A) \times P(B)$$

✔ Check

□ **47** 白石4個と黒石5個がはいっている袋がある。この袋から1個の石を取り出し，それをもとに戻してから，ふたたび1個の石を取り出す。このとき，2回とも黒石が出る確率を求めよ。

↳ 47 ✎ POINTS 1 参照。

48 A，Bの2人が射撃を1回ずつ行うとき，目標物への命中率はAが $\dfrac{3}{4}$，Bが $\dfrac{4}{5}$ で，つねに一定であり，互いに影響を与えないものとする。次の確率を求めよ。

↳ 48 ✎ POINTS 1 参照。

□(1) 2人とも命中する確率

□(2) Aが命中し，Bは命中しない確率

(2)Bが命中しない確率は，1からBが命中する確率をひいたもの。

49 赤玉 5 個と白玉 4 個がはいった袋 A と，赤玉 4 個と白玉 8 個がはいった袋 B がある。それぞれの袋から 1 個ずつ玉を取り出すとき，取り出される 2 個の玉が次のようになっている確率を求めよ。

↳ 49 ✎ POINTS ①参照。

□(1)　赤玉が 2 個である確率

□(2)　赤玉が 1 個と白玉が 1 個である確率

(2)袋 A から赤玉，袋 B から白玉の場合と，袋 A から白玉，袋 B から赤玉の場合がある。

□(3)　2 個とも同色である確率

(3)(1)で求めた赤玉が 2 個の確率と，白玉が 2 個となる確率の和である。

□ **50**　2 つの試行 S と T が独立であり，S における事象 A と T における事象 B に対し，$P(A \cup B) = \dfrac{1}{2}$，$P(A \cap \overline{B}) = \dfrac{1}{3}$ のとき，確率 $P(A)$，$P(B)$ を求めよ。

↳ 50 事象 A，B の包含関係を考える。

⑫ 独立な試行の確率 ②

解答 ▸ 別冊P.11

POINTS

1 3つ以上の独立な試行の確率

3つ以上の独立な試行 T_1, T_2, T_3, ……で，それぞれの事象 A, B, C, ……がともに起こる確率は，$P(A\cap B\cap C\cap\cdots\cdots)=P(A)\times P(B)\times P(C)\times\cdots\cdots$

Check

51 A，B，Cの3人が，独立して作業を行っている。ある作業でのA，B，Cの合格する確率が $\frac{2}{3}$, $\frac{3}{5}$, $\frac{1}{2}$ であるとき，次の確率を求めよ。

↳51 POINTS 1 参照。

□(1) 3人とも合格する確率

□(2) 1人だけが合格する確率

(2) Aのみ合格，Bのみ合格，Cのみ合格する確率をそれぞれ考える。

52 当たりくじが4本はいっている10本のくじがあり，A，B，C，Dの4人がこの順に1本ずつくじを引く。引いたくじは当たりかどうかを確認した後もとに戻してから，次の者がくじを引き，Dが引いたら終了である。次の確率を求めよ。

↳52 引いたくじをもとに戻すから，当たる確率はつねに一定である。

□(1) BとDの2人だけが当たりくじを引く確率

□(2) 少なくとも1人が当たりくじを引く確率

53 大中小の 3 個のさいころを同時に投げるとき，次の確率を求めよ。

□(1) 大のさいころの目が 1，中のさいころの目が偶数，小のさいころの目が 6 となる確率

□(2) 3 個のさいころの目がすべて偶数となる確率

□(3) 3 個のさいころの目がすべて 3 以上となる確率

54 赤玉 3 個と白玉 4 個と青玉 5 個がはいった袋から，1 個だけ玉を取り出して，色を調べてもとに戻すことを 4 回続ける。このとき，次の確率を求めよ。

□(1) 赤，白，青，白の順に出る確率

□(2) 4 回目に初めて白玉が出る確率

53 ⊘ POINTS 1 参照。
(1)中のさいころの目は 2, 4, 6 である。

(2)1 個のさいころで偶数の目が出る確率は $\frac{1}{2}$ である。

(3)1 個のさいころで 3 以上の目が出る確率は $\frac{2}{3}$ である。

54 (1) ⊘ POINTS 1 参照。

(2)1 回目から 3 回目までは赤玉か青玉が出て，4 回目に白玉が出る。

第1章 第2章 第3章

25

⑬ 反復試行の確率

解答 ▶ 別冊P.11

✎ **POINTS**

1 **反復試行の確率**

1回の試行で事象 A の起こる確率を p とし，この試行を独立に n 回行うとき，事象 A がちょうど r 回起こる確率は，${}_nC_r p^r (1-p)^{n-r}$

✅ **Check**

55 1個のさいころを4回投げるとき，次の確率を求めよ。　↳ 55 ✎ POINTS 1 参照。

☐(1)　1の目がちょうど2回出る確率

☐(2)　3の目がちょうど3回出る確率

56 赤玉2個と白玉3個がはいっている袋から，玉を1個取り出 ↳ 56 ✎ POINTS 1 参照。
し，色を調べてから袋に戻す。これを5回繰り返すとき，次
の確率を求めよ。

☐(1)　赤玉がちょうど3回出る確率

☐(2)　白玉がちょうど4回出る確率

57 1枚のコインを何回か投げて，表が5回出たら，投げるのをやめるものとする。次の確率を求めよ。

□(1)　6回投げて，やめになる確率

57 (1)初めの5回で表が4回出て，6回目にふたたび表が出る。

□(2)　7回投げて，やめになる確率

(2)初めの6回で表が4回出て，7回目にふたたび表が出る。

□ **58** 1個のさいころを何回か投げるとき，1回でも1の目が出れば，当たりと判定する。4回投げたとき，当たりと判定されている確率を求めよ。

58 4回のうちどこで1の目が出ても当たりと判定されるから，1の目が4回とも出ない事象の余事象として確率を求める。

□ **59** 数直線上の動点Pが，座標5の位置にある。1個のさいころを投げるとき，1から4までの目が出れば点Pは負の向きに3だけ進み，5か6の目が出れば点Pは正の向きに2だけ進むものとする。さいころを5回投げ終えたとき，点Pの位置が原点である確率を求めよ。

59 4以下の目が x 回出るとすると，5以上の目は $(5-x)$ 回である。まず，x をいくらにすれば，点Pが -5 だけ移動するのかを求める。

⑭ 条件付き確率

解答 ▶ 別冊P.12

🖉 POINTS

1 条件付き確率

事象 A が起こったときの事象 B が起こる条件付き確率 $P_A(B)$ は，A を全事象としたときの

$A \cap B$ の起こる確率で，$P_A(B) = \dfrac{n(A \cap B)}{n(A)} = \dfrac{P(A \cap B)}{P(A)}$

2 確率の乗法定理

2つの事象 A，B がともに起こる確率 $P(A \cap B)$ は，$P(A \cap B) = P(A)P_A(B)$

✅ **Check**

□ **60** 奇数の目の面が青色で，偶数の目の面が赤色であるさいころが2個ある。この2個のさいころを同時に投げたとき，出た目の数の和が9以上であるとき，出た目の面が同じ色である確率を求めよ。

↳ 60 2個のさいころの目の数の和が9以上となるのが何通りあるか，そのうち面の色が同じになるのは何通りあるか考える。

61 硬貨2枚を同時に投げたとき，次の確率を求めよ。

□(1) 2枚とも表である確率

↳ 61 表と裏の出方は4通りである。

□(2) 少なくとも1枚が表である確率

(2)余事象を利用して考える。

□(3) 1枚が表であるとき，もう1枚が表である条件付き確率

(3) $\dfrac{2枚とも表である確率}{1枚が表である確率}$ を求める。

62 9個の白玉と1個の赤玉のはいった袋Aと，8個の白玉と2個の赤玉のはいった袋Bがある。コインを投げて表が出たらAの袋から玉を1個取り出し，裏が出たらBの袋から玉を1個取り出す。取り出した玉はもとに戻さず，続けて同じようにして玉を取り出す。こうして，2個の玉を取り出すとき，次の確率を求めよ。

□(1) 1回目に赤玉を取り出す確率

↳ **62** (1)赤玉を袋Aから取り出す場合と袋Bから取り出す場合がある。

□(2) 1回目と2回目に赤玉を続けて取り出す確率

(2)1回目が袋A，2回目が袋Bの場合，1回目が袋B，2回目が袋Aの場合，1回目が袋B，2回目が袋Bの場合の3通りがある。

□(3) 1回目に赤玉が出たという条件のもとで，1回目のコインが裏であった確率

(3)1回目にコインが裏である事象をC，1回目が赤玉である事象をDとして
$$P_D(C) = \frac{P(C \cap D)}{P(D)}$$
を求める。

□ **63** つぼの中に赤玉が3個，白玉が2個はいっている。この中から1個の玉を取り出し，色を見てもとへ戻し，さらに同じ色の玉を1個加える。続いて1個の玉を取り出し，色を見てその玉および1個の同じ色の玉をつぼの中に加える。3回目にまた1個の玉を取り出す。このとき，k回目に赤玉が出るという事象をA_kとする（$k=1$, 2, 3）。このとき，確率$P(A_1 \cap A_2 \cap A_3)$，$P(A_3)$，条件付き確率$P_{A_3}(A_2)$をそれぞれ求めよ。

↳ **63** ✐ POINTS 1, 2 参照。
$P(A_3)$は3回目に赤玉が出る確率で，1回目と2回目は赤でも白でもよい。
$$P_{A_3}(A_2) = \frac{P(A_2 \cap A_3)}{P(A_3)}$$

⑮ 期待値

解答 ▶ 別冊P.13

✎ POINTS

1 期待値

ある1回の試行を行ったとき，結果として得られる数値の平均値のことであり，得られるすべての値とそれが起こる確率の積をすべて加えたものである。

一般に，ある試行の結果によって，

$$x_1, \ x_2, \ x_3, \ \cdots\cdots, \ x_n$$

のいずれか1つの値をとる数量 X があり，その値をとる確率 p がそれぞれ，

$$p_1, \ p_2, \ p_3, \ \cdots\cdots, \ p_n \, (\text{ただし，} p_1+p_2+p_3+\cdots\cdots+p_n=1)$$

であるとき，

$$E=x_1p_1+x_2p_2+x_3p_3+\cdots\cdots+x_np_n$$

を数量 X の**期待値**という。

2 期待値の応用

期待値の考え方を，日常や社会における不確実な状況下で，様々な判断や選択，意思決定の基準として応用することができる。

□ **64** 商店街の催事でくじ引きを実施することになった。くじは全部で 1000 本用意し，1等は 10000 円で1本，2等は 1000 円で5本，3等は 100 円で 50 本とし，残りのはずれは 0 円とする。このくじを1本引くとき，もらえる金額の期待値を求めよ。

✅ Check

↳ **64** 1等，2等，3等の確率を求める。
各等の賞金と確率の積を求めた後，それらを全部加えたものが期待値となる。

□ **65** A，B，C の3人がいて，それぞれの名前 A，B，C が書かれた玉を A が3個，B が2個，C が1個持っている。今，A，B，C のうち，2人を選んで総当たり戦を行う。対戦者2人が持つ玉をすべて1つの袋に入れ，袋から1個の玉を取り出して，玉に書かれた名前の人を勝者とする。対戦後は玉を持ち主に返す。勝った回数の最も多い人が優勝賞金を受け取れるが，優勝者が複数いる場合はその人数で等分する。優勝賞金を 60 万円とするとき，A，B，C が受け取る優勝賞金の期待値をそれぞれ求めよ。

↳ **65** 賞金が受け取れるのは，誰かが2回勝つか，全員が1回ずつ勝つかのいずれかである。A，B，C が2回勝ったときと，1回ずつ勝ったときの確率と賞金額を求めて期待値を求める。

66 大小合わせて 2 個のさいころがある。

□(1)　2 個のさいころを同時に投げる。出た目の差の絶対値について，その期待値を求めよ。

▶66　大小 2 個のさいころの目の出方は 36 通りあり，出た目の差の絶対値を表にして考える。

□(2)　2 個のさいころを同時に投げ，出た目が異なるときはそこで終了する。出た目が同じときには小さいさいころをもう一度だけ投げて終了する。終了時に出ている目の差の絶対値について，その期待値を求めよ。

□ **67**　S さんの 1 か月分のおこづかいの受け取り方として，以下の 3 通りの案が提案された。1 年間のおこづかいの受け取り方として，最も有利な案はどれか。
A 案：毎月 1 回さいころを投げ，出た目の数が 1 から 4 までのときは 2000 円，出た目の数が 5 または 6 のときは 6000 円を受け取る。
B 案：1 月から 4 月までは毎月 10000 円，5 月から 12 月までは毎月 1000 円を受け取る。
C 案：毎月 1 回さいころを投げ，奇数の目が出たら 8000 円，偶数の目が出たら 100 円を受け取る。

▶67　A 案，C 案…毎月もらえるおこづかいの期待値を求め，1 年間の金額を出す。
B 案…最初の 4 か月と残りの 8 か月の合計金額を求めて加える。

16 三角形の辺の比

解答 ▶ 別冊P.13

POINTS

1 **三角形の角の二等分線と比**

△ABC において，∠A の二等分線と辺 BC との交点 P は，辺 BC を
BP：PC＝AB：AC に分ける。

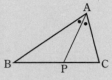

2 **三角形の外角の二等分線と比**

AB≠AC である△ABC において，∠A の外角の二等分線と辺
BC の延長との交点 Q は，辺 BC を **BQ：QC＝AB：AC** に分ける。

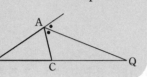

☑ **Check**

□ **68** △ABC において，
AB＝15，AC＝10，
BC＝20 である。∠A
およびその外角の二等

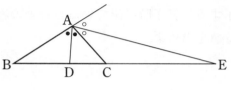

分線が直線 BC と交わる点を，それぞれ D，E とするとき，
線分 DE の長さを求めよ。

↳ 68 ✐ POINTS 1，2
参照。
線分 DC と CE の長さ
をそれぞれ求める。

□ **69** △ABC において，辺 BC の中点を
M とし，∠AMB の二等分線と辺
AB との交点を P，∠AMC の二等
分線と辺 AC との交点を Q とする
とき，PQ∥BC であることを証明
せよ。

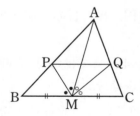

↳ 69 ✐ POINTS 1 参照。
AP：PB＝AQ：QC
を示す。

□ **70** △ABCにおいて，∠Aの二等分線と
辺BCとの交点をDとする。線分
AB，BD上にそれぞれ点Bと異なる
点P，Qをとって，PQ∥ADとなる
ようにすると，BP：AC＝BQ：DC
であることを証明せよ。

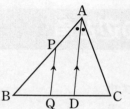

↳ **70** PQ∥AD だから，
AB：BP＝BD：BQ が
成立する。

□ **71** △ABCにおいて，∠Bと∠Cの二等
分線と，辺AC，ABとの交点をそれ
ぞれP，Qとするとき，AP＝AQ な
らば，△ABCは二等辺三角形である
ことを証明せよ。

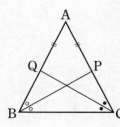

↳ **71** ∠Bの二等分線に
よる辺の比を用いて
APを表し，∠Cの二
等分線による辺の比を
用いてAQを表し，
AP＝AQ に代入する。

17 三角形の辺と角

解答 ▶ 別冊P.14

📝 **POINTS**

1 三角形の辺と角の大小

$a>b \iff \angle A > \angle B$

2 三角形が存在する条件

$|a-b|<c<a+b$

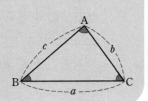

□ **72** △ABC において，∠A の二等分線と辺 BC との交点を D とすると，AB>BD，AC>CD であることを証明せよ。

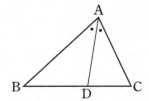

✅ **Check**

↳ **72** 📝 **POINTS** **1** 参照。
∠CAD+∠ACD
=∠ADB であること
を利用する。

□ **73** 右の図において，$\ell_1 /\!/ \ell_2$ である。点 P を ℓ_1 上に，点 Q を ℓ_2 上に PQ⊥ℓ_1 であるようにとって，AP+PQ+QB を最小にするには，点 P，Q をどのようにとればよいか。

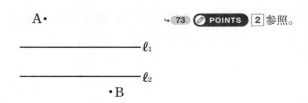

↳ **73** 📝 **POINTS** **2** 参照。

□ **74** AB>AC である △ABC において，∠A の二等分線上の任意の点を P とするとき，|PB−PC|<AB−AC であることを証明せよ。

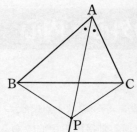

↳ **74** 辺 AB 上に点 E を AE=AC となるようにとり，△PBE に注目する。

□ **75** AB>AC である △ABC において，∠A の二等分線と辺 BC との交点を D，辺 BC の中点を M とするとき，AM>AD であることを証明せよ。

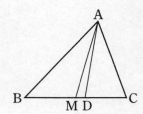

↳ **75** AB>AC $\iff$ ∠C>∠B であることを利用する。

⑱ 三角形の外心・内心

解答 ▶ 別冊P.14

✏ POINTS

1 三角形の外心

三角形の3辺の垂直二等分線は1点で交わり，その点を**外心**という。外心は，3頂点から等距離にあり，3頂点を通る**外接円**の中心である。

2 三角形の内心

三角形の3つの内角の二等分線は1点で交わり，その点を**内心**という。内心は，3辺から等距離にあり，3辺に接する**内接円**の中心である。

☐ **76** △ABC の外心を O とし，直線 OB，OC と辺 AC，AB との交点をそれぞれ D，E とする。OD＝OE ならば，△ABC は二等辺三角形であることを証明せよ。

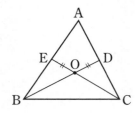

✅ **Check**

↳ **76** △OBE≡△OCD だから，∠OBE と ∠OCD は等しくなる。

☐ **77** △ABC において，辺 AB，BC，CA に関する外心 O の対称点をそれぞれ D，E，F とすると，△ABC≡△EFD となることを証明せよ。

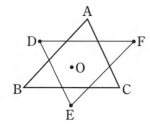

↳ **77** 中点連結定理を利用し，それぞれ対応する辺の長さが等しいことを示す。

□ **78** △ABC の内心を I とし，AI の延長と BC との交点を D とすると，

$$\frac{AI}{ID} = \frac{AB+AC}{BC}$$ となることを証明せよ。

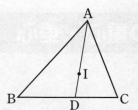

↳ **78** ✏ **POINTS** **2** 参照。
線分 BI は ∠B の二等分線だから，△ABD において，
$$\frac{AI}{ID} = \frac{AB}{BD}$$

□ **79** △ABC の内心を I とすると，∠BIC，∠CIA，∠AIB はすべて 90° より大きいことを証明せよ。

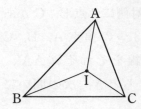

↳ **79** △BIC の内角の和に注目して，∠BIC を 90°+x ($x>0°$) の形で表す。他も同様。

⑲ 三角形の重心・垂心

解答 ▶ 別冊P.15

📝 POINTS

1 三角形の重心

三角形の頂点と対辺の中点を結ぶ線分を**中線**という。三角形の3本の中線は1点で交わり，その点を**重心**という。重心は，各中線を2:1に内分する。

2 三角形の垂心

三角形の3頂点から対辺またはその延長に引いた垂線は1点で交わり，その点を**垂心**という。

□ **80** 平行四辺形 ABCD の辺 BC, CD の中点をそれぞれ M, N とすると，AM と AN は対角線 BD を3等分することを証明せよ。

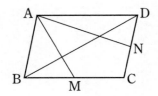

✅ **Check**

↳ 80 📝 POINTS 1 参照。
2本の対角線の交点を E とすると，線分 BE と線分 DE は，それぞれ △ABC, △ADC の中線となる。

81 △ABC の重心 G を通る直線 ℓ に関して点 A と反対側に2点 B, C がある。直線 ℓ へ3つの頂点 A, B, C から引いた垂線をそれぞれ AA′, BB′, CC′ とするとき，次の問いに答えよ。

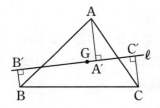

↳ 81 (1) B′C と DD′ の交点を E とすると，BB′=2DE

□(1) 辺 BC の中点 D から ℓ に引いた垂線を DD′ とするとき，2DD′=BB′+CC′ となることを証明せよ。

□(2) AA′=BB′+CC′ となることを証明せよ。

□ **82** △ABC において，垂心を H とする。辺 AB，BC，線分 AH の中点をそれぞれ L，M，N とするとき，LM⊥LN であることを証明せよ。

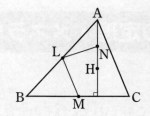

↳ **82** LM∥AC，LN∥BH となる。

□ **83** △ABC の外心 O，重心 G，垂心 H は，同一直線上にあることを証明せよ。

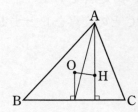

↳ **83** A からの中線と，OH との交点が，重心の性質をもつことを示す。

⑳ チェバの定理・メネラウスの定理

解答 ▶ 別冊P.16

📝 POINTS

1 チェバの定理

△ABC の辺 BC，CA，AB またはその延長上にそれぞれ点 P，Q，R があり，3 直線 AP，BQ，CR が 1 点で交わるとき，

$$\frac{BP}{PC} \cdot \frac{CQ}{QA} \cdot \frac{AR}{RB} = 1$$

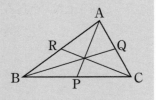

2 メネラウスの定理

ある直線が △ABC の辺 BC，CA，AB またはその延長とそれぞれ点 P，Q，R で交わるとき，

$$\frac{BP}{PC} \cdot \frac{CQ}{QA} \cdot \frac{AR}{RB} = 1$$

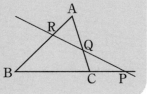

✅ **Check**

□ **84** 右の図のような △ABC において，点 Q は辺 CA 上にあって CQ：QA＝1：3 となる点，点 R は辺 AB 上にあって AR：RB＝2：3 となる点である。線分 BQ と CR の交点を O とし，直線 AO と辺 BC との交点を P とするとき，BP：PC を求めよ。

↳ 84 📝 POINTS 1 参照。

□ **85** 1 辺の長さが 9 cm の正三角形 ABC がある。辺 AB 上に AD＝4 cm となるように点 D を，辺 AC 上に AE＝6 cm となるように点 E をとる。このとき，BE と CD の交点を F とし，また AF の延長線と辺 BC の交点を G とする。CG の長さを求めよ。

↳ 85 📝 POINTS 1 参照。

□ **86** 1辺の長さが2の正三角形 ABC がある。辺 AB を 3：1 に内分する点を P，辺 BC の中点を Q とし，線分 CP と AQ の交点を R とするとき，△ABR の面積を求めよ。

↳ 86 ⊘ POINTS 2 参照。 底辺の長さが等しい三角形の面積比は高さの比に等しい。

87 △OAB において辺 OA を 2：3 に内分する点を C，線分 BC の中点を M，直線 OM と辺 AB との交点を D とする。このとき，次の問いに答えよ。

↳ 87 (1) ⊘ POINTS 2 参照。

□ (1) $\dfrac{AD}{DB}$ を求めよ。

□ (2) △OCM の面積を S_1，△BDM の面積を S_2 とするとき，$\dfrac{S_1}{S_2}$ を求めよ。

(2)高さが等しい三角形の面積比は底辺の長さの比に等しい。

㉑ 円周角

解答▶別冊P.16

🖉 POINTS

1 円の内部と外部の点の角

3点 A，B，C を通る円について，点 P が直線 AB に対して，点 C と同じ側にあるとき，

㋐ 点 P が円の内部の点ならば，　∠APB＞∠ACB

㋑ 点 P が円周上の点ならば，　∠APB＝∠ACB

㋒ 点 P が円の外部の点ならば，　∠APB＜∠ACB

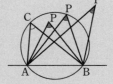

2 円周角の定理

1つの円で等しい弧に対する円周角は等しく，それは中心角の半分である。逆に，等しい円周角に対する弧の長さは等しい。

3 円周角の定理の逆

2点 P，Q が直線 AB に対して同じ側にあり，∠APB＝∠AQB ならば，4点 A，B，P，Q は同一円周上にある。

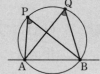

✅ Check

88 次の円において，角 α，β を求めよ。ただし，点 O は円の中心である。

↳ 88 🖉 POINTS 2 参照。

☐(1)
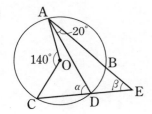

☐(2)
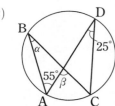

☐ **89** 右の図において，角 α，β を求めよ。ただし，点 A, B, C, D, E, F, G, H, I, J は，この順に円周を 10 等分している点である。

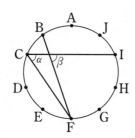

↳ 89 🖉 POINTS 2 参照。

∠FCI は，円周の $\frac{3}{10}$ の弧に対する円周角である。

□ **90** 右の図のように，1つの円周上に，異なる2定点 A，B をとる。弦 AB に対して，片方の弧 AB 上に任意の点 P をとり，∠PAB，∠PBA の二等分線と $\overarc{AB}$ との交点を，それぞれ Q，R とするとき，P の位置に関係なく $\overarc{QPR}$ の長さは一定であることを証明せよ。

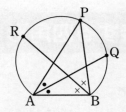

↳ **90** △PAB の内角の和は 180° である。また，P の位置に関係なく∠APB は一定である。

□ **91** 円周上に，4点 A，B，C，D がこの順に並んでいる。ただし，AB∥DC ではないとする。点 A を通り直線 DC に平行な直線と直線 BD との交点を E とし，点 D を通り直線 AB に平行な直線と直線 AC との交点を F とする。このとき，4点 A，D，E，F は同一円周上にあることを証明せよ。

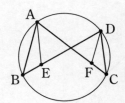

↳ **91** ✎ POINTS ③参照。∠EAF＝∠FDE を示す。
2点 E，F がこの円の内部にあるとき（問題図）と外部にあるときとで，図は異なるが，証明の内容は同じである。

㉒ 円に内接する四角形

解答 ▶ 別冊P.17

✎ POINTS

1 **円に内接する四角形**

円に内接する四角形の対角の和は 180° であり，外角はそれと隣り合う内角の対角に等しい。

2 **四角形が円に内接する条件**

1 組の対角の和が 180° である四角形，または 1 つの外角がそれと隣り合う内角の対角に等しい四角形は円に内接する。

92 次の図において，角 θ を求めよ。

↳ 92 ✎ POINTS 1 参照。

□(1)

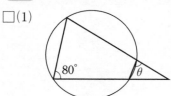

□(2)

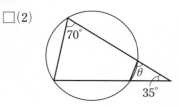

□(3)

93 次の四角形 ABCD は円に内接するかどうか調べよ。

↳ 93 ✎ POINTS 2 参照。

□(1)

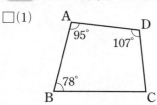

□(2)

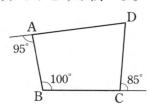

□ **94** △ABC の外接円上の点 P から 3 辺 BC, CA, AB またはその延長に引いた垂線をそれぞれ PD, PE, PF とすると, D, E, F は同一直線上にあることを証明せよ。

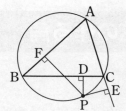

↳ **94** ∠PDF+∠PDE =180° であることを示す。

□ **95** △ABC の頂点を除く辺 BC, CA, AB 上に, それぞれ点 P, Q, R をとる。このとき, △BPR と △CQP の外接円の交点のうち点 P でないほうを S とすると,

四角形 AQSR は円に内接することを証明せよ。

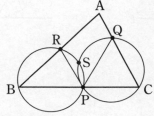

↳ **95** ∠A+∠QSR が 180° になることを示す。

㉓ 接線と弦の作る角

解答 ▶ 別冊P.17

🖊 POINTS

1 接線の長さ

円外の1点からその円に引いた2本の接線の長さは等しい。（接線の長さとは，円外の点と接点との距離のことである。）

2 接線と弦の作る角

弦 AB と点 A における接線 ℓ とのなす角は，その角の内部にある $\overset{\frown}{\mathrm{AB}}$ に対する円周角に等しい。

逆に，弦 AB と点 A を通る直線 ℓ とのなす角が，その角の内部にある $\overset{\frown}{\mathrm{AB}}$ に対する円周角に等しいとき，直線 ℓ は点 A における接線となる。

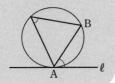

> ✅ **Check**

96 次の図において，角 α，β を求めよ。ただし，点 A は直線 ℓ と円との接点であり，点 O は円の中心である。

↳ 96 🖊 POINTS 2 参照。

☐(1)

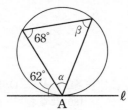

☐(2)

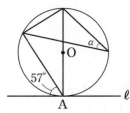

☐ **97** 弧 AB 上に $\overset{\frown}{\mathrm{AC}}=\overset{\frown}{\mathrm{BC}}$ となる点 C をとり，C における接線 PQ を右の図のようにとる。このとき，PQ∥AB であることを証明せよ。

↳ 97 $\overset{\frown}{\mathrm{AC}}$，$\overset{\frown}{\mathrm{BC}}$ に対する円周角と ∠ACP，∠BCQ の関係を考える。

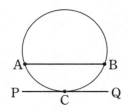

98 △ABC の内接円が辺 BC, CA, AB と接する点を，それぞれ L, M, N とする。また，BC$=a$, CA$=b$, AB$=c$, $s=\dfrac{1}{2}(a+b+c)$ とする。

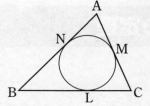

↪ 98 ✐ POINTS 1 参照。

☐(1) AN$=s-a$, BL$=s-b$, CM$=s-c$ であることを示せ。

(2) ∠A$=90°$ のとき，次の①，②の問いに答えよ。

☐① $s(s-a)=\dfrac{1}{2}bc$ であることを示せ。

(2)①△ABC の内心を I とすると，四角形 AMIN は正方形である。

☐② $a^2=b^2+c^2$ であることを示せ。

②①に，次の式を代入する。

$$s=\frac{1}{2}(a+b+c)$$

☐ **99** 円 O の弦 AB の延長上に点 P をとり，P からこの円に1本の接線を引き，接点を C とする。∠P の二等分線が AC および BC と交わる点をそれぞれ E, F とすれば，CE$=$CF であることを証明せよ。

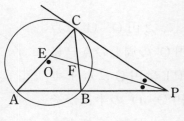

↪ 99 ∠CFE$=$∠CEF であることを示す。三角形の外角はそれと隣り合わない2つの内角の和に等しいことを利用する。

㉔ 方べきの定理

✐ POINTS

1 **方べきの定理**

① 点 P を通る 2 本の直線が，円とそれぞれ 2 点 A，B と 2 点 C，D で交わっているとき，

$$PA \cdot PB = PC \cdot PD$$

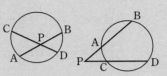

② 円外の点 P を通る 2 本の直線の一方が点 T で円と接し，他方が円と 2 点 A，B で交わっているとき，

$$PA \cdot PB = PT^2$$

2 **方べきの定理の逆**

① 2 つの線分 AB と CD，またはそれらの延長が点 P で交わっているとき，$PA \cdot PB = PC \cdot PD$ が成り立つならば，4 点 A，B，C，D は同一円周上にある。

② 円外の点 P を通る 1 本の直線が円と 2 点 A，B で交わっているとき，円周上の点 T に対し，$PA \cdot PB = PT^2$ が成り立つならば，直線 PT はこの円の接線となる。

✔ **Check**

100 次の図において，x を求めよ。ただし，点 T は接点とする。

↳ 100 ✐ POINTS 1 参照。

□(1)

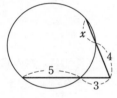

□(2)

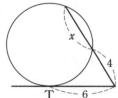

□ **101** 右の図のように，2 円 O，O′ は点 A で外接し，円 O′ の周上の点 P に対して，直線 PT は円 O に点 T で接している。円 O，O′ の半径がそれぞれ 2，1 であり，PA=a のとき，PT を a で表せ。

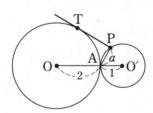

↳ 101 PA の延長と円 O の交点を B とすると，方べきの定理から，$PT^2 = PA \cdot PB$

102 鋭角三角形 ABC の辺 BC，AC 上にそれぞれ点 D，E を，線分 BE の E をこえる延長上に点 F をとる。∠ABC＝∠CED＝∠CEF であるとき，次のことを証明せよ。

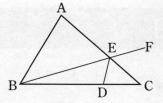

↳ **102** (1) 4 点 A，B，D，E が同一円周上にあることを示す。

☐(1)　点 A は，線分 BD の垂直二等分線上にある。

☐(2)　$AE \cdot CE = BC \cdot CD - CE^2$

(2)方べきの定理と，AC＝AE＋CE であることを利用する。

☐ **103** 異なる 2 点 A，B で交わる 2 円がある。直線 AB 上に A，B と異なる円外の点 P をとるとき，P を通る 2 本の直線のうち，1 本の直線が一方の円と 2 点 C，D で交わり，別の 1 本の直線が他方の円と 2 点 E，F で交わるとき，4 点 C，D，E，F は同一円周上にあることを証明せよ。

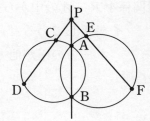

↳ **103** 🖉 **POINTS** ②参照。PC・PD＝PE・PF が成り立つことを示す。

㉕ 2つの円

解答 ▶ 別冊P.18

🖉 POINTS

1 2つの円の位置関係

2つの円 O, O' の半径をそれぞれ r, r' $(r>r')$ とするとき，2つの円の位置関係と中心間の距離 d との関係をまとめると，次のようになる。

㋐ **離れている**
$d>r+r'$

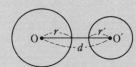

㋑ **外接している**
$d=r+r'$

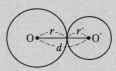

㋒ **交わっている**
$r-r'<d<r+r'$

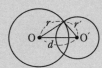

㋓ **内接している**
$d=r-r'$

㋔ **円 O' が円 O の内部にある**
$d<r-r'$

㊟ ㋒の条件は，3辺の長さが r, r', $d\,(r>r')$ の三角形が存在する条件と同じである。

✓ Check

↳ 104 🖉 POINTS 1 参照。

104 2つの円 O, O' の半径をそれぞれ r, r' とし，中心間の距離を d とする。それぞれの値が下のようになっているとき，

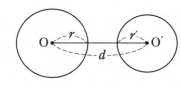

2つの円の位置関係を **ア～オ** の中から選び，記号で答えよ。

ア 離れている　　**イ** 外接している　　**ウ** 交わっている
エ 内接している　　**オ** 一方の円が他方の円の内部にある

☐(1)　$r=4$, $r'=2$, $d=6$

☐(2)　$r=4$, $r'=1$, $d=2$

☐(3)　$r=3$, $r'=5$, $d=6$

50

105 2つの円 O, O′ の半径がそれぞれ 4, 2 のとき, 2つの円の中心間の距離が 10 であった。点 P, Q, R, S が下の図のように共通接線の接点であるとき, 次の線分の長さを求めよ。

□(1) 線分 PQ (線分 OO′ と交わらない接線)

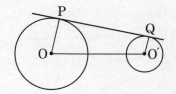

↳105 接点において, 接線と半径は垂直であるから, 三平方の定理を利用する。

□(2) 線分 RS (線分 OO′ と交わる接線)

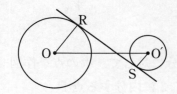

□ **106** 2つの円 O, O′ が離れているとき, 2つの円の中心を結ぶ直線 OO′ と 2つの円の交点を円 O の側から順に A, B, C, D とする。2つの円の共通接線のうち線分 OO′ と交わらないものを考え, 円 O, O′ との接点をそれぞれ S, T とするとき, ST²=AC・BD であることを証明せよ。

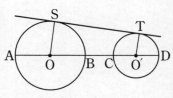

↳106 円 O, O′ の半径をそれぞれ r, r′ とし, OO′=d とおくと,
AC=d+r−r′
BD=d+r′−r
となる。

26 作 図

解答 ▶ 別冊P.19

✎ POINTS

1 基本の作図

　　㋐ 線分の垂直二等分線
　　㋑ 角の二等分線
　　㋒ 垂線

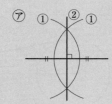 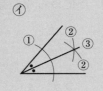 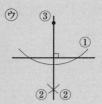

2 平行な直線の作図

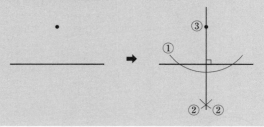 ➡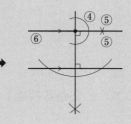

---

107 与えられた線分に対して，次の点を作図せよ。

□(1) 線分 AB を 5：3 に内分する点 P

A_____B

✓ Check

↳ 107 平行線を利用して
作図する。
✎ POINTS **2** 参照。

□(2) 線分 CD を 7：4 に外分する点 Q

C_____D

□ **108** △ABC の外部にあって，半直線 AB，半直線 AC，線分 BC のすべてに接する円を作図せよ。

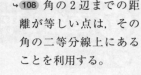

↳ **108** 角の2辺までの距離が等しい点は，その角の二等分線上にあることを利用する。

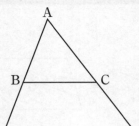

□ **109** 長さ 1 の線分 AB と，長さ a，b の線分が与えられたとき，長さ $\dfrac{b}{a+b}$ の線分を作図せよ。

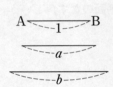

↳ **109** 平行線と線分の比の性質を利用する。

□ **110** 下の図のように，AB＝2，BC＝3 の線分がある。長さ $\sqrt{6}$ の線分を作図せよ。

↳ **110** 方べきの定理を利用する。

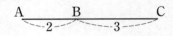

📝 POINTS

1 2直線のなす角

右の図のように,任意の1点Oを通り,ℓ,m に平行
な直線を,それぞれ ℓ',m' とすると,ℓ' と m' は同
一平面上にある。このとき,ℓ' と m' のなす2つの角
を **2直線 ℓ,m のなす角**という。

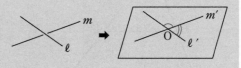

2 直線と平面の垂直

① 直線 ℓ が平面 α 上のすべての直線に垂直であるとき,直線 ℓ は平
面 α に**垂直**であるといい,$\ell \perp \alpha$ と書く。

② 直線 ℓ が平面 α 上の平行でない2直線 m,n に垂直ならば,直線 ℓ
は平面 α に垂直になる。

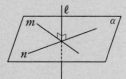

3 2平面のなす角

2平面の交線 ℓ 上の点Oを通り,それぞれの平面上にある ℓ に垂直な直線 m,
n のなす角 θ を **2平面のなす角**という。

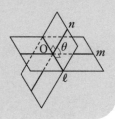

111 右の図の直方体 ABCD-EFGH は,
AB=BF=1,FG=$\sqrt{3}$ である。次
の問いに答えよ。

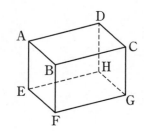

□(1) 辺 AB とねじれの位置にある辺をす
べてあげよ。

✅**Check**

↳ **111** (1)空間内で,平行
でなく交わらない2つ
の直線はねじれの位置
にあるという。

(2) 次の2直線のなす角 θ を求めよ。ただし,$0° \leqq \theta \leqq 90°$ とする。 (2)📝**POINTS** 1参照。

□① AB,CG   □② AF,DH

□③ BD,EG

112 空間において，異なる3直線 ℓ, m, n と異なる3平面 A, B, C について，次の(1)～(5)のうち常に正しいものには○，常に正しいとはかぎらないものには×をつけよ。

↳**112** 立方体などに当てはめて考える。

□(1) $\ell \perp m$, $m \perp n$ ならば $\ell \perp n$

□(2) $\ell /\!/ m$, $m /\!/ n$ ならば $\ell /\!/ n$

□(3) A⊥B, B⊥C ならば A$/\!/$C

□(4) $\ell /\!/ $A, $m /\!/ $A ならば $\ell /\!/ m$

□(5) A$/\!/$B, A⊥C ならば B⊥C

113 右の図のように，正四面体 ABCD の辺 AB の中点を E とする。このとき，次のことを証明せよ。

↳**113** 🖉 **POINTS** **2** 参照。

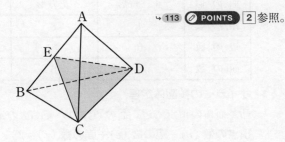

□(1) 辺 AB は平面 CDE と垂直である。

□(2) AB⊥CD

□**114** 右の図のような立方体において，平面 EFGH と平面 DEG のなす角を θ とするとき，$\cos\theta$ の値を求めよ。ただし，$0° \leqq \theta \leqq 90°$ とする。

↳**114** EG と FH との交点を O とすると，θ は OD と OH のなす角である。

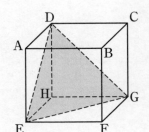

㉘ 空間図形と多面体

解答 ▶ 別冊P.20

✎ POINTS

1 多面体

いくつかの多角形で囲まれた空間図形を**多面体**という。多面体のうち，どの2つの頂点を結んだ線分も多面体の内部に含まれるものを**凸多面体**という。凸多面体はへこみのない多面体である。

2 正多面体

凸多面体のうち，各面が合同な正多角形で，各頂点に集まる面，辺の数が等しいものを**正多面体**という。正多面体は次の5種類しかない。

	正四面体	正六面体 （立方体）	正八面体	正十二面体	正二十面体
見 取 図	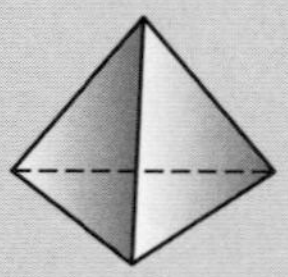	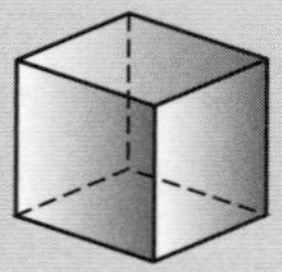	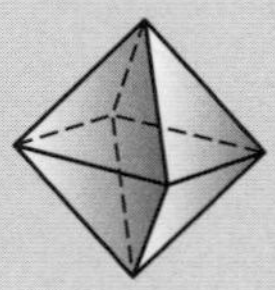	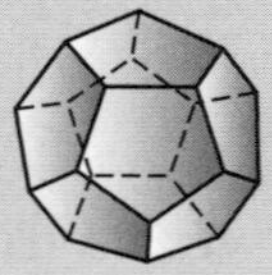	
面 の 形	正三角形	正方形	正三角形	正五角形	正三角形
頂点の数	4	8	6	20	12
辺 の 数	6	12	12	30	30
面 の 数	4	6	8	12	20

3 オイラーの多面体定理

凸多面体の頂点，辺，面の数について，次の定理が成り立つ。

頂点の数 (v) −辺の数 (e) +面の数 (f) =2

□ **115** 1辺の長さが2である正四面体の表面積と体積を求めよ。

✔Check

↳ **115** 各面は1辺の長さが2の正三角形である。

□ **116**　1辺の長さが2である正八面体の表面積と体積を求めよ。

↳ **116** 各面は1辺の長さが2の正三角形である。

□ **117**　正四面体の内部の点から各面に垂線を引く。このとき，4本の垂線の長さの和は一定であることを証明せよ。

↳ **117** 内部の点と正四面体の各頂点を結ぶと，4つの四面体に分けられる。

□ **118**　右の図のように，立方体の各辺を3等分する点を通る平面で切り取ってできる多面体について，頂点の数 v，辺の数 e，面の数 f を求め，$v-e+f$ の値を求めよ。

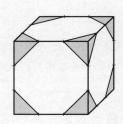

↳ **118** オイラーの多面体定理が成り立つ。

29 整数の性質

解答▶別冊P.21

📝 POINTS

1 倍数の見分け方

素因数分解や約数・倍数などをみつけるときに用いる。

2の倍数…一の位が2の倍数　　　3の倍数…各位の数の和が3の倍数

4の倍数…下2桁が4の倍数　　　5の倍数…一の位が0または5

6の倍数…2の倍数かつ3の倍数　　8の倍数…下3桁が8の倍数

9の倍数…各位の数の和が9の倍数

2 素因数分解

正の約数を1とその数自身以外にもたない2以上の自然数を**素数**という。自然数を素数だけの積の形に表すことを**素因数分解**という。

3 約数の個数

自然数Nが$p^a q^b r^c \cdots\cdots$と素因数分解されるならば，Nの正の約数の個数は，

$(a+1)(b+1)(c+1)\cdots\cdots$

4 最大公約数と最小公倍数

2つの自然数a，bの最大公約数をg，最小公倍数をlとして，$a=ga'$，$b=gb'$となるとき，

⑦ a'，b'は互いに素である。　　④ $l=a'b'g$　　⑨ $gl=ab$

5 ユークリッドの互除法

2つの自然数a，b $(a>b)$の最大公約数を次のように求めることができる。

①aをbで割り，余りrを求める。

②$r=0$ならば，bがa，bの最大公約数である。

$r>0$ならば，bとrの最大公約数がaとbの最大公約数に等しいので，aの値をbで，bの値をrで置き換えて，①に戻る。

6 1次不定方程式

a，b，cを整数とするとき，x，yについての方程式$ax+by=c$を**1次不定方程式**といい，これを満たす整数x，yの組をこの方程式の**整数解**という。

✓**Check**

□ **119** $n+2$が3の倍数であるとき，$7n+4$を3で割ったときの余りを求めよ。

↪**119** $n+2=3k$（kは整数）と表される。

□ **120** x, y は整数で $2x+y$ が 3 の倍数であるとき，$8x^2-10xy-7y^2$ は 9 の倍数になることを証明せよ。

↳ 120 $2x+y=3k$（k は整数）と表され，$y=-2x+3k$ となる。

121 次の問いに答えよ。

□(1) 540 を素因数分解せよ。

↳ 121 (1) ✐ POINTS ②参照。素数 2, 3, 5 で，順に割る。

□(2) 540 の正の約数は，1 と 540 も含めて何個あるか。また，それらの約数すべての和を求めよ。

(2) ✐ POINTS ③参照。

□(3) 540 との最小公倍数が 2700 である自然数は何個あるか。

(3) $2^a \times 3^b \times 5^2$ （$a=0, 1, 2$　$b=0, 1, 2, 3$）と表される数である。

122 次のような 2 つの自然数の組をすべて求めよ。

□(1) 最大公約数が 4，最小公倍数が 48

↳ 122 (1) 2 つの自然数を $4a'$, $4b'$ とおく。（a', b' は互いに素）

□(2) 最小公倍数が 36，積が 216

(2) ✐ POINTS ④参照。

□ **123** $\dfrac{15}{14}$, $\dfrac{20}{21}$ のどちらにかけても積が自然数となる分数のなかで

最も小さいものを求めよ。

↳ 123 求める分数を $\dfrac{b}{a}$ と すると，a は 15 と 20 の公約数，b は 14 と 21 の公倍数を考える。

124 ユークリッドの互除法を用いて，次の 2 つの整数の最大公約

数を求めよ。

↳ 124 ✐ POINTS 5 参照。

□(1) 195，315 □(2) 3372，4777

□ **125** 2 つの自然数 $4n+7$ と $7n+21$ の最大公約数が 5 になるよう

な自然数 n のうち，2 番目に小さい値を求めよ。

↳ 125 ✐ POINTS 5 参照。

126 次の方程式の整数解をすべて求めよ。

□(1) $5x-3y=6$ □(2) $2x+7y=1$

↳ 126 まず 1 組の整数解 を見つけてから，すべ ての整数解がどう表さ れるか考える。

㉚ 記数法

解答 ▶ 別冊P.22

🖊 POINTS

1 n 進法

① 数を n を単位とした位取りで表していく記数法を **n 進法** といい，n 進法で表された数を **n 進数** という。

② n 進数の各位に用いる数字は，0 から $n-1$ までの整数である。

③ 数が n 進法で表されていることは，数の右下に $_{(n)}$ をつけて示す。10 進数は日常用いられている記数法なので，普通 $_{(10)}$ を省略して表す。

例 10 進法で表された数 25 は，2 進法では 11001 となる。

$$25=1\cdot2^4+1\cdot2^3+0\cdot2^2+0\cdot2+1\cdot1=11001_{(2)}$$

2 n 進法の小数

n 進法では，小数点以下の位は，$\dfrac{1}{n}$ の位，$\dfrac{1}{n^2}$ の位，$\dfrac{1}{n^3}$ の位，……である。

例 $0.011_{(2)}=0\cdot\dfrac{1}{2}+1\cdot\dfrac{1}{2^2}+1\cdot\dfrac{1}{2^3}=0.375$

---

127 次の数を 10 進法で表せ。

☐(1) $101101_{(2)}$ ☐(2) $2143_{(5)}$ ☐(3) $1.1101_{(2)}$

☑ Check

↪ **127** (1)(2) 🖊 POINTS
1 参照。
(3) 🖊 POINTS **2** 参照。

☐ **128** 96 を 2 進法，3 進法，5 進法で表せ。

↪ **128** 下の☐に当てはまる数を考える。
$96=☐\times2^6+☐\times2^5$
$\quad+☐\times2^4+☐\times2^3$
$\quad+☐\times2^2+☐\times2$
$\quad+☐\times1$
$96=☐\times3^4+☐\times3^3$
$\quad+☐\times3^2+☐\times3$
$\quad+☐\times1$

129 次の計算をせよ。

☐(1) $1011_{(2)}+111_{(2)}$ ☐(2) $11011_{(2)}\times1101_{(2)}$

↪ **129** (1)$1_{(2)}+1_{(2)}=10_{(2)}$ に注意して計算する。
(2)くり上がりに注意して計算する。

㉛ 座標・測量，ゲーム

✎ POINTS

1 空間における点の座標

空間に点Oをとり，Oで互いに直交する3本の数直線を，**x軸**，**y軸**，**z軸**と定め，これらを
まとめて**座標軸**という。また，点Oを**原点**という。x軸とy軸で定まる平面，y軸とz軸で定
まる平面，z軸とx軸で定まる平面をそれぞれ**xy平面**，**yz平面**，**zx平面**という。定められた
座標軸に対して，点Pの位置を3つの実数の組$(a,\ b,\ c)$と表したとき，この組を点Pの**座標**
という。座標の定められた空間を**座標空間**という。

2 測量－位置の表し方－

図形の性質への理解は，土地や天体などの測量活動とともに広がってきた。測量を通じて，数
学と文化のかかわりを知ることが重要である。

3 ゲーム

単純なルールで奥深い魅力を備えたゲームを楽しむことで，試行錯誤を繰り返し，遊びの中に
ある数学的な側面を発見することが，考える楽しみを生み出す。

---

130 点P$(2,\ 4,\ 3)$に対して，次の点の
座標を求めよ。

□(1) xy平面に関して対称な点A

□(2) x軸に関して対称な点B

□(3) 原点に関して対称な点C

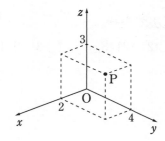

↳**130** 点Pのどの座標
の符号が変わるのかを，
図を利用して考える。

□ **131** ある街にラーメン屋を出店するこ
とにした。現在，出店候補として
A，B，Cの3地点があり，その
周辺には3つの駅P，Q，Rがある。
店舗がどの駅からもできるだけ近
くにするためには，どの場所にすればよいか，求めよ。

Q•

A•　•C
　B•

　　•R

P•

↳**131** 2点P，Qを結んだ
線分の垂直二等分線を
描いてみる。

□ **132** 校庭のある地点を原点 O とする。原点 O から真東の向きを x 軸の正の向き，真北の方向を y 軸の正の向きとする座標平面を考える。ただし，校庭は平らであるとする。

また，座標軸 1 の長さを 1m とする。

原点 O から真東に 25 m 進んだ地点 A に 1 本の木が植えてある。校庭のある地点 B に生徒が 1 人立っていて，原点 O からは 15 m，地点 A からは 20 m の地点である。地点 B が原点 O，地点 A より北側にあるとき，地点 B の位置の座標を求めよ。

↳ **132** 地点 B の座標を $(x,\ y)$ とおいて，三平方の定理を利用する。

133 台の上に 3 本の棒が固定されており，そのうちの 1 本に何枚かの円盤が積まれている。円盤は下へいくほど半径が大きくなっている。一番左の棒を A，真ん中の棒を B，一番右の棒を C とし，最初に A に n 枚の円盤が積まれている。棒 B を利用して，全ての円盤を A から C に移していくゲームをする。ルールは，次の通りとする。

① 一回に一枚の円盤しか動かしてはいけない。

② 移動の途中で円盤の大小を逆に積んではいけない。常に大きい方の円盤が下になるようにする。

③ 棒以外のところに円盤を置いてはいけない。

□(1) $n=3$ のとき，何回の移動が必要か。

□(2) n 枚の円盤を移すために何回の移動が必要になるか，n を用いた式で表せ。

↳ **133** (2)$n=3$, 4, 5, … のときの移動の回数を求め，前の回数との規則性を考えてみる。

装丁デザイン　ブックデザイン研究所
本文デザイン　未来舎
　図　版　スタジオ・ビーム

本書に関する最新情報は, 小社ホームページにある**本書の「サポート情報」**をご覧ください。(開設していない場合もございます。)
なお, この本の内容についての責任は小社にあり, 内容に関するご質問は直接小社におよせください。

高校　トレーニングノートα　数学A

編著者	高校教育研究会	発行所	受験研究社
発行者	岡本泰治		
印刷所	寿印刷		©株式会社 増進堂・受験研究社

〒550-0013 大阪市西区新町 2 丁目19番15号
注文・不良品などについて：(06)6532-1581(代表)／本の内容について：(06)6532-1586(編集)

注意 本書を無断で複写・複製(電子化を含む)
　　 して使用すると著作権法違反となります。

Printed in Japan　高廣製本
落丁・乱丁本はお取り替えします。

Training Note α
トレーニングノートα

数学A

解答・解説

解答・解説

第1章　場合の数と確率

① 集合の要素の個数　(p.2〜3)

1 集合の関係を図に表すと、
右のようになる。

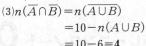

(1)$A \cup B = \{1, 3, 5, 6, 7, 9\}$
だから、$n(A \cup B) = 6$
(2)$A \cap B = \{3, 9\}$ だから、
$n(A \cap B) = 2$
(3)$n(\overline{A} \cap \overline{B}) = n(\overline{A \cup B})$
$= 10 - n(A \cup B)$
$= 10 - 6 = 4$

2 サッカー、野球が好きな生徒の集合をそれぞれ
A、Bとする。
(1)どちらも好きでない生徒の人数が、
$n(\overline{A} \cap \overline{B}) = 9$
であることを用いると、求める人数は、
$n(A \cup B) = 50 - n(\overline{A \cup B})$
$= 50 - n(\overline{A} \cap \overline{B})$
$= 50 - 9$
$= \mathbf{41}$（人）
(2)サッカーと野球の両方とも好きな生徒の人数だか
ら、$n(A \cap B) = n(A) + n(B) - n(A \cup B)$
$= 36 + 28 - 41$
$= \mathbf{23}$（人）
(3)サッカーだけが好きな生徒の人数だから、
$n(A \cap \overline{B}) = n(A) - n(A \cap B)$
$= 36 - 23$
$= \mathbf{13}$（人）

3 (1)100から200までの整数のうち、
4で割り切れる整数は、
4×25、4×26、……、4×50
であり、$50 - 24 = 26$（個）ある。
5で割り切れる整数は、
5×20、5×21、……、5×40
であり、$40 - 19 = 21$（個）ある。
4と5の最小公倍数は20だから、
20で割り切れる整数は、
20×5、20×6、……、20×10
であり、$10 - 4 = 6$（個）ある。
4で割り切れる整数、5で割り切れる整数の集合
をそれぞれA、Bとすると、
和集合の要素の個数を求める関係式
$n(A \cup B) = n(A) + n(B) - n(A \cap B)$
に代入して、$26 + 21 - 6 = 41$（個）
(2)全体集合Uの要素の個数が101個であり、

(1)により、4で割り切れる整数が26個ある。
補集合の要素の個数を求める関係式
$n(\overline{A}) = n(U) - n(A)$
に代入して、$101 - 26 = \mathbf{75}$（個）
(3)求める整数の集合は右の
図で黒くぬった部分にな
る。

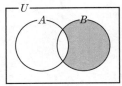

よって、
$n(B) - n(A \cap B)$
$= 21 - 6 = \mathbf{15}$（個）

☑ **注意**

・100から200までの整数を
$200 - 100 = 100$（個）
であると考えてはいけない。
・個数が同じ連続した整数の集合でも、含まれ
る倍数の個数は同じとは限らない。
　囲 4の倍数の個数は、
　㋐ 1から21の21個の整数の中に、5個
　㋑ 4から24の21個の整数の中に、6個

4 (1)$n(A \cup B) = n(U) - n(\overline{A \cup B})$
$= n(U) - n(\overline{A} \cap \overline{B}) = 10 - 4 = 6$
(2)$n(A) = n(A \cap B) + n(A \cap \overline{B}) = 1 + 3 = 4$
(3)$n(\overline{B}) = n(A \cap \overline{B}) + n(\overline{A} \cap \overline{B}) = 3 + 4 = 7$
よって、$n(B) = n(U) - n(\overline{B}) = 10 - 7 = 3$

② 場合の数　(p.4〜5)

5 (1)目の和が6または7になる場合は、

大	1 2 3 4 5	1 2 3 4 5 6
小	5 4 3 2 1	6 5 4 3 2 1

よって、**11通り**
(2)目の和が10以上になる場合は、

大	4 5 6	5 6	6
小	6 5 4	6 5	6

よって、**6通り**

6 目の差が2または3になる場合は、

大	3 4 5 6	1 2 3 4	4 5 6	1 2 3
小	1 2 3 4	3 4 5 6	1 2 3	4 5 6

よって、**14通り**

7 $10 \times 6 \times 5 = \mathbf{300}$（通り）

8 (1)$4 \times 3 = \mathbf{12}$（個）
(2)$2 \times 3 \times 3 = \mathbf{18}$（個）

本問ではすべての文字の種類が異なっているので，かっこごとに文字の種類を数えて，積の法則によりかけ合わせたものとなる。文字に同じものが混ざっているときは要注意である。
樹形図や，実際に展開してしまう方法も可能である。
　例 $(a+2b)(a+b)$……項数3
　　　$(a+2b)(a+c)$……項数4

9 180を素因数分解すると，$180=2^2\times3^2\times5$
だから，180の正の約数は，
$2^a\times3^b\times5^c$
$(a=0, 1, 2 ; b=0, 1, 2 ; c=0, 1)$
の形で表される。
a, b, cの整数のとり方を考えると，180の正の約数の個数は，$3\times3\times2=$**18（個）**

☑注意
素数p, q, rにより，
$p^a\times q^b\times r^c$（a, b, cは0か正の整数）
と表される整数の正の約数の個数は，
$(a+1)(b+1)(c+1)$個
なお，一般に約数・倍数は，正も負も考える。
　例 4の約数は，$\pm1, \pm2, \pm4$

10 (1)目の積が奇数とは，すべての目が奇数のときである。
1個のさいころで奇数の目は3通りとれるから，3個のさいころを投げるときには，
$3\times3\times3=$**27（通り）**
(2)目の和が偶数とは，次の(i)か(ii)の場合である。
(i)すべての目が偶数のとき
　　$3\times3\times3=27$（通り）
(ii)奇数の目が2個で，偶数の目が1個のとき
　　大中小の3個のさいころのどれが偶数の目をとるかが3通りあるから，
　　$(3\times3\times3)\times3=81$（通り）
(i)，(ii)より，$27+81=$**108（通り）**

③ 順　列 ①　　　　　　　　　（p.6〜7）

11 $(1)_8{\rm P}_3=8\cdot7\cdot6=$**336**
　$(2)_7{\rm P}_4=7\cdot6\cdot5\cdot4=$**840**
　$(3)_5{\rm P}_5=5\cdot4\cdot3\cdot2\cdot1=$**120**
　$(4)6!=6\cdot5\cdot4\cdot3\cdot2\cdot1=$**720**

12 12人の中から3人を選んで1列に並べ，順に部長，副部長，会計の3人とすればよいから，順列を用いて，$_{12}{\rm P}_3=$**1320（通り）**

☑注意
部長，副部長，会計の順番は任意であるが，何

か1つの順番を決めておけば，$_{12}{\rm P}_3$で1列に並んだ3人がその順番で役を引き受けるとすればよい。

13 女子2人を1人とみなして，5人を1列に並べる方法の総数は，5!通り。
隣り合う女子2人の並び方は，2通り。
よって，$5!\times2=$**240（通り）**

14 (1)●○○○○●の2か所の●には，aとbを入れ，4か所の○には，c, d, e, fを入れることになる。
よって，$2!\times4!=$**48（通り）**
(2)6個の文字を1列に並べる方法の総数から，aとbが隣り合う場合の数をひけばよい。
aとbが隣り合うのは，$5!\times2$（通り）
よって，$6!-5!\times2=$**480（通り）**

15 (1)4桁の奇数だから，
まず，一の位は奇数で，3通り。
次に，千の位は0以外であるから，一の位で1つ使っていることも考えて，5通り。
残りの百と十の位は，一と千の位で合計2個使っている以外には条件はないから，5×4（通り）
よって，$3\times5\times5\times4=$**300（個）**
別解　千の位が仮に0でもかまわないと考えた4桁の奇数の個数から，千の位が0であるとした4桁の奇数の個数をひく。
$3\times(6\times5\times4)-3\times(1\times5\times4)$
$=$**300（個）**
(2)千の位が6のときと，5のときに分けて考える。
(i)千の位が6のとき
　それ以外の桁は何でもよいから，
　$6\times5\times4=120$（個）
(ii)千の位が5のとき
　5400より大きい整数は百の位が4か6で，それ以外の桁は何でもよいから，
　$2\times(5\times4)=40$（個）
(i)，(ii)より，$120+40=$**160（個）**

☑注意
(1)において4桁の奇数ならば，
(i)一の位は奇数
(ii)千の位は0にならない
という条件がつくが，個数を計算する際に(ii)を先に考えてしまうと，千の位が奇数である場合とそうでない場合で，一の位にくる奇数の個数が変わってしまう。
もし，本問が4桁の偶数の個数を求める問題ならば，
(i)一の位は偶数　(ii)千の位は0にならない
という条件で，一の位が0かどうかで場合分けをする。

16 (1)円順列の考え方で，
$(8-1)!=5040$（通り）

(2)先生 2 人を向かい合うように
固定して，6 人の生徒を残っ
た席に配置する。

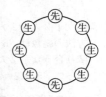

まず，2 人の先生を向かい合
った席に，円順列の考えで並
べると，$(2-1)!=1$（通り）

そのうち，1 人の先生を固定しておく。

次に，6 人の生徒を 1 列に並べ，固定した先生の
左隣から順に生徒用席に配置する。

よって，$1\times6!=720$（通り）

> ☑ 注意
>
> n 人が座席に座るとき，1 列に並ぶならば $n!$
> 通りの並び方があり，違う並び方に見えている
> ものが，円形に並ぶと先頭と最後尾が隣り合い，
> 同じものになってしまうことがある。
> これを防ぐために，ある 1 人を固定し，その 1
> 人を常に先頭とする順列を考えれば，重複して
> 数えることを防げる。
> つまり，$(n-1)$ 人の順列を考えると，
> $(n-1)!$ 通り
> になる。
> だから，(2)において，先生の 1 人を固定してお
> けば，円順列に対応しているから，さらに 6 人
> の生徒にも円順列を適用して，
> $(2-1)!\times(6-1)!=5!=120$（通り）
> としてはいけない。
> また，(2)において，最初に
> 固定するのは，先生，生徒
> のどちらであっても求める
> ことはできるが，生徒の 1
> 人を固定するのはめんどう
> である。なぜならば，固定した 1 人の生徒の配
> 置をするには，先生の席との関係から，A，B，
> C のどこになるかを考えなければならないから
> である。
> なお計算としては，固定する 1 人の生徒の席の
> 配置が，3 通り。
> 残りの 5 人の生徒の並び方が，5! 通り。
> 2 人の先生の配置が，2! 通り。
> よって，$3\times5!\times2!=720$（通り）

17 男女交互に輪を作るから，まず
男子 3 人が円順列（つまり 1 人固
定）として
$(3-1)!=2!$（通り）

次に，2 人の男子の間に女子が 1
人はいるから，3! 通り。

よって，$2!\times3!=12$（通り）

別解　女子を先に固定してもよい。

18 (1)数珠順列の方法，つまり玉をつないだ輪は裏返し
て同じ色の並び方になるものは 1 つと数えるか
ら，$\dfrac{(8-1)!}{2}=2520$（通り）

(2)特定の 2 色を隣り合わせにするとき，その 2 色の
玉を 1 つとみて，7 個の玉とみなす。

しかし，2 色の玉の配置が 2 通りできるから，
$\dfrac{(7-1)!}{2}\times2=720$（通り）

別解　2 個の玉の色の配置で 2 通りあると考えな
いで，その隣り合った 2 個の玉を固定して 1 通り
とみれば，裏返した分を考えなくてよい。

よって，$(7-1)!=720$（通り）

> ☑ 注意
>
> ・玉の色がすべて異なる輪を作る場合は，本問
> のようにすればよいが，同じ色の玉が含まれ
> る場合は，色の配置によって裏返して別のも
> のと一致するとは限らないから，さらに工夫
> が必要である。
> ・「輪を作る」といっても，人が手をつないで
> 輪を作る場合は，通常，裏返した状態を考え
> ることはない。「玉を机の上に円形に並べる」
> 場合も裏返しは考えない。
> したがって，どのような文脈で登場している
> のか判断する必要がある。

19 (1)すべての位で 4 通りずつだから，
$4^3=64$（個）

(2)偶数だから，一の位は 2 と 4 の 2 通り。
他の位は，4 通りずつになる。
よって，$2\times4^4=512$（個）

20 1 人も行かないコースがあってもよいから，6 人
それぞれが 3 通りずつである。
よって，$3^6=729$（通り）

21 (1)${}_8\mathrm{C}_1=8$

(2)${}_{10}\mathrm{C}_3=\dfrac{10\cdot9\cdot8}{3\cdot2\cdot1}=120$

(3)${}_{40}\mathrm{C}_{39}=\dfrac{40\cdot39\cdot38\cdots\cdots3\cdot2}{39\cdot38\cdot37\cdots\cdots2\cdot1}=40$

別解　${}_{40}\mathrm{C}_{39}={}_{40}\mathrm{C}_{40-39}={}_{40}\mathrm{C}_1=40$

(4)${}_{40}\mathrm{C}_0=\dfrac{40!}{0!\,40!}=1$

別解　一般的に，${}_n\mathrm{C}_0=1$ だから，${}_{40}\mathrm{C}_0=1$

22 男子 5 人，女子 6 人の中から委員 4 人を選ぶのは，
単に 11 人の中から 4 人選ぶことだから，
${}_{11}\mathrm{C}_4=330$（通り）

また，男子 2 人，女子 2 人の委員を選ぶのは，

$_5C_2 \times _6C_2 = 150$（通り）

23 (1)正七角形の 7 個の頂点から 4 個を選べば，四角形が 1 つできるから，$_7C_4 = 35$（個）

(2)7 個の頂点から 2 個選べば 1 本できるが，隣り合う 2 点を選ぶのは対角線とはいわないから，その数をひいておく。

よって，$_7C_2 - 7 = 14$（本）

別解 組合せを用いない方法で求めることもできる。
1 頂点から引ける対角線の本数は，$7-3=4$（本）
頂点は 7 個ある。しかし，対角線の両端で 2 度数えているから，2 で割っておく。
$4 \times 7 \div 2 = 14$（本）

☑注意
正 n 角形の対角線の本数は，$\dfrac{n(n-3)}{2}$ 本

24 縦方向 2 本，横方向 2 本の組で平行四辺形が 1 つできるから，縦方向 6 本の中から 2 本，横方向 4 本の中から 2 本を選べばよい。

よって，$_6C_2 \times _4C_2 = 90$（個）

25 (1)A，B の 2 人は必ずはいるのだから，残り 7 人の中から 3 人を選べばよいから，
$_7C_3 = 35$（通り）

(2)A，B の 2 人とも含まれない場合を全体から除くと，A，B のうち少なくとも 1 人を含む場合になる。
全体は，9 人から 5 人選ぶことで，
$_9C_5 = 126$（通り）
A，B が含まれないのは，
$_7C_5 = 21$（通り）
よって，$126 - 21 = 105$（通り）

別解 A，B のうち少なくとも 1 人を含むとは，次の(i)，(ii)の場合である。
(i)A，B の 2 人とそれ以外の 3 人
$_2C_2 \times _7C_3 = 35$（通り）
(ii)A，B のうち 1 人とそれ以外の 4 人
$_2C_1 \times _7C_4 = 70$（通り）
以上により，$35 + 70 = 105$（通り）

---

❻組合せ ②　　　　　　　（p.12〜13）

26 (1)3 人の組と 5 人の組は人数が違うので，組に区別がつく。
よって，$_8C_3 \times _5C_5 = 56$（通り）

(2)A，B の名称がついているので，人数が同じでも，組に区別がつく。
よって，$_8C_4 \times _4C_4 = 70$（通り）

(3)(2)と同じ 4 人ずつであるが，こちらは組名がついていないので，組に区別がつかない。

A と B の組名の並べ方は 2 通りあるので，2 で割っておく。

よって，$_8C_4 \times _4C_4 \div 2 = 35$（通り）

(4)A と B の組には 1 名以上必要であるが，A と B の人数は固定されていないので，次のような計算を行う。

8 人のそれぞれが，A と B の 2 通りを選択できるから 2^8 通りになるが，これには 8 人全員が A のみか B のみにはいってしまう場合が含まれているため，その 2 通りを除外する。

つまり，$2^8 - 2 = 254$（通り）

☑注意
全員をどこかの組に分ける場合，最後の組は残った者を割り振ったとみなせばよい。例えば，10 人を 2 人，3 人，5 人に分ける方法は，最後に $_5C_5 (=1)$ をかけずに，
$_{10}C_2 \times _8C_3 = 2520$（通り）
とできる。
8 人を 3 人と 5 人に分ける方法も同様に，
$_8C_3 = 56$（通り）

27 (1)2 人，3 人，4 人の組は人数が違うので，組に区別がつく。
よって，$_9C_2 \times _7C_3 \times _4C_4 = 1260$（通り）

(2)A，B，C の名称がついているので，人数が同じでも，組に区別がつく。
よって，$_9C_3 \times _6C_3 \times _3C_3 = 1680$（通り）

(3)(2)と同じ 3 人ずつであるが，こちらは組名がついていないので，組に区別がつかない。
A，B，C の組名の並べ方は 3! 通りあるので，3! で割っておく。
よって，$_9C_3 \times _6C_3 \times _3C_3 \div 3! = 280$（通り）

(4)2 人の組に区別がつかないから，2! で割っておく。
よって，$_9C_2 \times _7C_2 \times _5C_5 \div 2! = 378$（通り）

別解 5 人の組から考える。
$_9C_5 \times _4C_2 \div 2! = 378$（通り）

28 各組の人数が指定されていないから，次のようにする。
各人の組の選び方が 3 通りずつあるから，6 人で，3^6 通り。
しかし，この中には全員が 1 つの組にはいってしまう選び方の $_3C_1$ 通りと，2 つの組にはいってしまう選び方の $_3C_2 \times (2^6 - _2C_1)$ 通りが含まれているから除外する。
よって，$3^6 - _3C_1 - _3C_2 \times (2^6 - _2C_1) = 540$（通り）

---

❼組合せ ③　　　　　　　（p.14〜15）

29 6 個の数字のうち，同じものが，1 が 3 個，2 が 2 個含まれているから，同じものを含む順列として，

$$\frac{6!}{3!2!1!}=60\,(個)$$

別解 一般的な組合せの方法で，次の①～③の順に求めることができる。

①6個の場所から，1を入れる3個の場所を選ぶ。

②残った3個の場所から，2を入れる2個の場所を選ぶ。

③残った1個の場所には，3を入れる。

よって，$_6C_3\times{}_3C_2\times{}_1C_1=60\,(個)$

30 7個の文字のうち，同じものが，s が2個，g が2個含まれているから，同じものを含む順列として，

$$\frac{7!}{2!2!1!1!1!}=1260\,(通り)$$

> ☑**注意**
> 同じものを含む順列で，$1!=1$ だから，分母の $1!$ は書かなくてもよい。ただ，書いておくと，
> $$2+2+1+1+1=7$$
> となることで，見落としがないことを確認しやすい。

31 3種類のものから7個選ぶ重複組合せになるから（選ばれない種類のものがあってもよい場合），

$$_{3+7-1}C_7={}_9C_7=36\,(通り)$$

> ☑**注意**
> 果物を合計7個買うのだから，組合せとみて，買う順番は考えない。7個の果物を種類ごとに並べかえる。例えば，りんご4個，なし1個，みかん2個ならば，
> ㋑ ㋑ ㋑ ㋑ ㋿ ㋯ ㋯
> となるが，
> りんごを㋑，なしを㋿，みかんを㋯
> と記入しなくてもりんご，なし，みかんの順に書くと決めておいて，種類ごとに仕切り線を入れればよい。
> ○ ○ ○ ○ | ○ | ○ ○
> 3種類ならば，仕切り線は2本でよい。
> 仕切り線の入れ方は，果物7個で仕切り線2本だから，$7+2=9\,(個)$ の場所から2個を選ぶと考え，$_9C_2$ 通り。
> あるいは，9個の場所から7個を選んで果物を入れて，残った所に仕切り線を入れると考え，$_9C_7$ 通り。
> としてもよい。
> よって，$_9C_2={}_9C_7\,(通り)$
> 同様に考えて，n 種類ものから重複を許して r 個取り出す重複組合せは，次のようになる。
> $$_{n+r-1}C_r$$

32 $x=x'+1$，$y=y'+1$，$z=z'+1$ とおくと，x'，y'，z' は0以上の整数となり，$x+y+z=12$ へ代入すると，

$$(x'+1)+(y'+1)+(z'+1)=12$$
$$x'+y'+z'=9$$

となる。

x'，y'，z' の3種類の文字から9個選び，選んだ個数が，解 x'，y'，z' になると考え，重複組合せにより，

$$_{3+9-1}C_9={}_{11}C_9={}_{11}C_2=55\,(通り)$$

> ☑**注意**
> x，y，z のままで，3種類から12個選ぶ重複組合せとして，
> $$_{3+12-1}C_{12}={}_{14}C_{12}={}_{14}C_2=91\,(通り)$$
> としてしまうと，x，y，z の中に選ばれない文字があり，解 x，y，z の中に0があるものも数えてしまうことになる。そこで，前述のような工夫を行った。
> なお，$x+y+z=12$ の解 x，y，z の中に0があるような解の組は，
> $$_{14}C_{12}-{}_{11}C_9={}_{14}C_2-{}_{11}C_2=91-55=36\,(通り)$$
> あることがわかる。

33 (1)東へ1区画進むことを→，南へ1区画進むことを↓と表すとき，A から B へ行く場合は，5個の→と3個の↓を並べる順列とみればよい。

よって，同じものを含む順列の考え方で，

$$\frac{8!}{5!3!}=56\,(通り)$$

(2)A から C へは→を1個，↓を2個並べる順列とみて，$\dfrac{3!}{2!1!}=3\,(通り)$

C から B へは→を4個，↓を1個並べる順列とみて，$\dfrac{5!}{4!1!}=5\,(通り)$

よって，$3\times5=15\,(通り)$

(3)A から D を通って B へ行く場合は，(2)と同様に，

$$\frac{3!}{2!1!}\times\frac{5!}{3!2!}=30\,(通り)$$

A から B への最短の道順では，C と D の両方を通るものはないから，(1)と(2)で求めた結果も利用して，

（A から B へ行く場合）

－（A から C を通って B へ行く場合）

－（A から D を通って B へ行く場合）

として求めればよい。

よって，$56-15-30=11\,(通り)$

別解 本問の(3)では(1)，(2)で求めたものが利用できたが，(3)単独で出題された場合は次のような方法のほうが簡単である。

C，D を通らないのだから，P または Q を通って B へ行く場合となる。

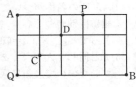

(i)A から P まで直

進する方法が，1通り

Ｐから Ｂまで行く方法は，→を2個，↓を3個並べる順列とみて，

$$\frac{5!}{2!3!}=10（通り）$$

よって，ＡからＰを通ってＢへ行くのは，

$$1\times10=10（通り）$$

(ii) ＡからＱまで直進したあと，最短距離で行くことを考えると，ＱからＢまで行くのも直進である。

よって，ＡからＱを通ってＢへ行くのは，1通り

(i)，(ii)により，$10+1=11$（**通り**）

⑧ 事象と確率　(p.16～17)

34 2個のさいころをＡ，Ｂとして，その目の出方を表にして求める。

(1)目の和が6になるのは，下の表のように5通りある。

A	1 2 3 4 5
B	5 4 3 2 1

2個のさいころの目の出方は全部で，

$$6^2=36（通り）$$

よって，求める確率は $\dfrac{5}{36}$

(2)目の積が6の倍数になるのは，下の表のように15通りある。

A	1 2 3 6	2 3 4 6	3 6	4 6	5 6	6
B	6 3 2 1	6 4 3 2	6 3	6 4	6 5	6

2個のさいころの目の出方は全部で，36通り

よって，求める確率は $\dfrac{15}{36}=\dfrac{5}{12}$

(3)目の差が2になるのは，下の表のように8通りある。

A	3 4 5 6	1 2 3 4
B	1 2 3 4	3 4 5 6

2個のさいころの目の出方は全部で，36通り。

よって，求める確率は $\dfrac{8}{36}=\dfrac{2}{9}$

(4)少なくとも1つの目が5になるのは，下の表のように11通りある。

A	5 5 5 5 5	1 2 3 4 6
B	1 2 3 4 6	5 5 5 5 5

2個のさいころの目の出方は全部で，36通り。

よって，求める確率は $\dfrac{11}{36}$

☑ **注意**

・問題文には「2個のさいころを同時に投げる」と表現されているだけなので，2個のさいころには区別がない。

したがって，「目の和が6になる目の出方が何通りあるか」と聞かれれば，

1と5，2と4，3と3

の3通りとなる。

しかし，それらの目の出方は同様に確からしいとはいえないので，このまま確率の計算をしてしまうと，正しい結果は出ない。

(1と5の目の組のほうが，3と3の目の組よりもよく出る。2と4の目の組も同様。)

・2個のさいころをＡ，Ｂとしても，それぞれの目の出る確率は変化しない。

さらに，1と5の目の組が出ることを，

Ａが1で，Ｂが5

Ａが5で，Ｂが1

3と3の目の組が出ることを，

Ａが3で，Ｂが3

などと考えていけば，2個のさいころＡ，Ｂの目の出方は，それぞれ同様に確からしいので，確率の計算に利用しやすくなる。

したがって，区別のない2個のさいころで確率を考える場合，区別があるとみなして考えることが一般的である。

35 3枚の硬貨を同時に投げるときの表裏の出方は，

$$2^3=8（通り）$$

表が2枚，裏が1枚出る表裏の出方は，3通り。

よって，求める確率は $\dfrac{3}{8}$

36 14人から3人を選ぶのは，$_{14}C_3$ 通りである。

(1)女子8人から3人を選ぶのは，$_8C_3$ 通り。

よって，求める確率は $\dfrac{_8C_3}{_{14}C_3}=\dfrac{2}{13}$

(2)男子6人から2人，女子8人から1人を選ぶのは，

$_6C_2\times{}_8C_1$（通り）

よって，求める確率は $\dfrac{_6C_2\times{}_8C_1}{_{14}C_3}=\dfrac{30}{91}$

☑ **注意**

確率の計算では，約分できることが多いので，分子と分母をそれぞれ先に計算してしまわないほうがよいことが多い。

例えば(1)について

[効率的でない計算方法]

$$_8C_3=\frac{8\cdot7\cdot6}{3\cdot2\cdot1}=56$$

$$_{14}C_3=\frac{14\cdot13\cdot12}{3\cdot2\cdot1}=364$$

よって，求める確率は $\dfrac{56}{364}=\dfrac{2}{13}$

[効率的な計算方法]

$$\dfrac{{}_8\mathrm{C}_3}{{}_{14}\mathrm{C}_3}=\dfrac{\dfrac{8\cdot7\cdot6}{3\cdot2\cdot1}}{\dfrac{14\cdot13\cdot12}{3\cdot2\cdot1}}=\dfrac{2}{14\cdot13\cdot\dfrac{12}{2}}=\dfrac{8\cdot7\cdot6}{14\cdot13\cdot12}$$

よって，求める確率は $\dfrac{2}{13}$

37 3人でじゃんけんを1回するときの出し方は，全部で $3^3=27$（種類）である。

(1) 1人だけが勝つのは，その1人が出した種類に対して，他の2人が負ける種類（1種類）を出したときに限る。

だれが勝つかで，3通り。

何で勝つかで，3通り。

よって，求める確率は $\dfrac{3\times3}{27}=\dfrac{1}{3}$

別解　A，B，Cの3人で勝負するとして考える。

1人だけが勝つ場合は，表のように9通りある。

（グー…グ，チョキ…チ，パー…パ）

A	グ チ パ	チ パ グ	チ パ グ
B	チ パ グ	グ チ パ	チ パ グ
C	チ パ グ	チ パ グ	グ チ パ

よって，求める確率は $\dfrac{9}{27}=\dfrac{1}{3}$

(2) あいこになるのは，次の(i)か(ii)である。

(i) 全員が同じ種類のものを出すのは，3通り

(ii) 全員が異なる種類のものを出すのは，

$\quad{}_3\mathrm{P}_3=6$（通り）

(i)，(ii)より，あいこになるのは，

3+6=9（通り）

よって，求める確率は $\dfrac{9}{27}=\dfrac{1}{3}$

別解　あいこになる場合は，表のように9通り。

A	グ チ パ	グ グ	チ チ	パ パ
B	グ チ パ	チ パ	パ グ	グ チ
C	グ チ パ	パ チ	グ パ	チ グ

よって，求める確率は $\dfrac{9}{27}=\dfrac{1}{3}$

☑ 注意

3人でじゃんけんを1回するとき，

(1)で求めたように，1人だけが勝つ確率は $\dfrac{1}{3}$

(2)で求めたように，あいこになる確率は $\dfrac{1}{3}$

よって，2人が勝つ確率は，$1-\dfrac{1}{3}-\dfrac{1}{3}=\dfrac{1}{3}$

このことから，1人だけが負ける確率も，2人

が負ける確率も，ともに $\dfrac{1}{3}$ ずつとなる。

⑨ 確率の基本性質 ①　　(p.18〜19)

38 まず，それぞれの起こる確率を求める。

1個のさいころの目の出方は6通りである。

ア 偶数の目の出方は3通りだから，

確率は，$P(A)=\dfrac{3}{6}=\dfrac{1}{2}$

イ 6の約数の目の出方は4通りだから，

確率は，$P(B)=\dfrac{4}{6}=\dfrac{2}{3}$

ウ $A\cap B$ とは，偶数かつ6の約数の目が出ることだから，$A\cap B=\{2,\ 6\}$

確率は，$P(A\cap B)=\dfrac{2}{6}=\dfrac{1}{3}$

エ $A\cup B$ とは，偶数または6の約数の目が出ることだから，$A\cup B=\{1,\ 2,\ 3,\ 4,\ 6\}$

確率は，$P(A\cup B)=\dfrac{5}{6}$

オ 空事象 $\varnothing$ は決して起こらない事象だから，

$P(\varnothing)=0$

カ 全事象 U は必ず起こる事象だから，

$P(U)=1$

以上より，小さなものから順に並べると，

オ，ウ，ア，イ，エ，カ

39 トランプ52枚から1枚を引くとき，ハートを引く事象を A，スペードを引く事象を B とする。

トランプ52枚の中に，ハートは13枚，スペードは13枚ある。

確率は，$P(A)=P(B)=\dfrac{13}{52}=\dfrac{1}{4}$

A と B は互いに排反だから，求める確率は，

$P(A\cup B)=P(A)+P(B)=\dfrac{1}{4}+\dfrac{1}{4}=\dfrac{1}{2}$

別解　トランプ52枚の中に，ハートまたはスペードは26枚含まれるから，

求める確率は，$\dfrac{26}{52}=\dfrac{1}{2}$

40 15個の玉のはいった袋から3個の玉を同時に取り出すのは，${}_{15}\mathrm{C}_3$ 通りである。

(1) 3個とも同じ色とは，3個とも赤玉になる場合，白玉になる場合，黒玉になる場合がある。これらは互いに排反である。

(i) 3個とも赤玉になるとき

赤玉3個の取り出し方が ${}_4\mathrm{C}_3$ 通りだから，

確率は，$\dfrac{{}_4\mathrm{C}_3}{{}_{15}\mathrm{C}_3}=\dfrac{4}{455}$

(ii) 3個とも白玉になるとき

白玉3個の取り出し方が ${}_5\mathrm{C}_3$ 通りだから，

確率は，$\dfrac{{}_5C_3}{{}_{15}C_3}=\dfrac{10}{455}$

(iii) 3個とも黒玉になるとき

黒玉3個の取り出し方が ${}_6C_3$ 通りだから，

確率は，$\dfrac{{}_6C_3}{{}_{15}C_3}=\dfrac{20}{455}$

(i)～(iii)より，求める確率は，

$\dfrac{4}{455}+\dfrac{10}{455}+\dfrac{20}{455}=\dfrac{\boldsymbol{34}}{\boldsymbol{455}}$

(2)黒玉が2個以上とは，黒玉が2個で黒玉以外が1個の事象と，黒玉が3個の事象である。

(i)黒玉が2個で黒玉以外が1個の取り出し方は，

${}_6C_2\times{}_9C_1$（通り）

(ii)黒玉3個の取り出し方は，

${}_6C_3$ 通り。

(i)，(ii)より，求める確率は，

$\dfrac{{}_6C_2\times{}_9C_1}{{}_{15}C_3}+\dfrac{{}_6C_3}{{}_{15}C_3}=\dfrac{27}{91}+\dfrac{4}{91}=\dfrac{\boldsymbol{31}}{\boldsymbol{91}}$

(3)白玉と黒玉がともに1個以上とは，白玉と黒玉が1個ずつで，残りの1個が，赤玉の場合，白玉の場合，黒玉の場合である。

(i)赤玉1個，白玉1個，黒玉1個となる確率は，

$\dfrac{{}_4C_1\times{}_5C_1\times{}_6C_1}{{}_{15}C_3}=\dfrac{24}{91}$

(ii)白玉2個，黒玉1個となる確率は，

$\dfrac{{}_5C_2\times{}_6C_1}{{}_{15}C_3}=\dfrac{12}{91}$

(iii)白玉1個，黒玉2個となる確率は，

$\dfrac{{}_5C_1\times{}_6C_2}{{}_{15}C_3}=\dfrac{15}{91}$

(i)～(iii)より，求める確率は，

$\dfrac{24}{91}+\dfrac{12}{91}+\dfrac{15}{91}=\dfrac{\boldsymbol{51}}{\boldsymbol{91}}$

41 9枚のカードから同時に3枚を引く方法は，${}_9C_3$ 通りである。

(1)番号の最大の数が6以下とは，1から6までの中から3枚を選ぶことだから，選び方は，${}_6C_3$ 通り。

よって，求める確率は，$\dfrac{{}_6C_3}{{}_9C_3}=\dfrac{\boldsymbol{5}}{\boldsymbol{21}}$

(2)番号の最大の数が3の倍数とは，最大の数が3, 6, 9の場合である。

(i)最大の数が3のとき

1から3までの3枚を選ぶことだから，選び方は1通りしかない。

よって，その確率は $\dfrac{1}{{}_9C_3}=\dfrac{1}{84}$

(ii)最大の数が6のとき

6を1枚と，1から5までの中から2枚を選ぶことだから，選び方は，${}_5C_2$ 通り。

よって，その確率は $\dfrac{{}_5C_2}{{}_9C_3}=\dfrac{10}{84}$

(iii)最大の数が9のとき

9を1枚と，1から8までの中から2枚を選ぶことだから，選び方は，${}_8C_2$ 通り。

よって，その確率は $\dfrac{{}_8C_2}{{}_9C_3}=\dfrac{28}{84}$

(i)～(iii)より，求める確率は，

$\dfrac{1}{84}+\dfrac{10}{84}+\dfrac{28}{84}=\dfrac{39}{84}=\dfrac{\boldsymbol{13}}{\boldsymbol{28}}$

⑩ 確率の基本性質 ②　　（p.20～21）

42 ハートが出る事象を A，絵札が出る事象を B とすると，ハートまたは絵札が出る事象は $A\cup B$ である。

52枚のトランプから1枚を引くのは，

${}_{52}C_1=52$（通り）

また，事象 $A\cap B$ はハートの絵札が出る事象である。

事象 A, B, $A\cap B$ の起こる確率は次のとおり。

$P(A)=\dfrac{13}{52}$　　　$P(B)=\dfrac{12}{52}$

$P(A\cap B)=\dfrac{3}{52}$

よって，求める確率は，

$P(A\cup B)=P(A)+P(B)-P(A\cap B)$

$=\dfrac{13}{52}+\dfrac{12}{52}-\dfrac{3}{52}=\dfrac{\boldsymbol{11}}{\boldsymbol{26}}$

43 2の倍数である事象を A，3の倍数である事象を B とする。

(1)2の倍数かつ3の倍数とは6の倍数であり，1から50までの番号の中に6の倍数は，

$6\cdot1$, $6\cdot2$, $6\cdot3$, ……, $6\cdot8$

で，8個ある。

50枚のカードから1枚を引くから，求める確率は，

$\dfrac{8}{50}=\dfrac{\boldsymbol{4}}{\boldsymbol{25}}$

(2)1から50までの番号の中に2の倍数は，

$2\cdot1$, $2\cdot2$, $2\cdot3$, ……, $2\cdot25$

で，25個ある。

同様に，3の倍数は，

$3\cdot1$, $3\cdot2$, $3\cdot3$, ……, $3\cdot16$

で，16個ある。

2の倍数または3の倍数である事象は $A\cup B$ だから，求める確率は，

$P(A\cup B)=P(A)+P(B)-P(A\cap B)$

$=\dfrac{25}{50}+\dfrac{16}{50}-\dfrac{8}{50}=\dfrac{\boldsymbol{33}}{\boldsymbol{50}}$

44 少なくとも1本は当たる事象を A とすると，$\overline{A}$ とは当たりがまったく出ない事象となる。

15本から3本を引くのは ${}_{15}C_3$ 通りであり，はずれ12本から3本を引くのは ${}_{12}C_3$ 通りだから，$\overline{A}$ の起こる確率は，$P(\overline{A})=\dfrac{{}_{12}C_3}{{}_{15}C_3}=\dfrac{44}{91}$

よって，求める確率は，

$$P(A)=1-P(\overline{A})=1-\frac{44}{91}=\frac{47}{91}$$

☑**注意**

本問のように「少なくとも1本」と指示されたとき，次の(i)～(iii)の3つの場合に分けて求めることも可能である。

(i)当たりが1本，はずれが2本

$$\frac{{}_3C_1\times{}_{12}C_2}{{}_{15}C_3}=\frac{198}{455}$$

(ii)当たりが2本，はずれが1本

$$\frac{{}_3C_2\times{}_{12}C_1}{{}_{15}C_3}=\frac{36}{455}$$

(iii)当たりが3本

$$\frac{{}_3C_3}{{}_{15}C_3}=\frac{1}{455}$$

(i)～(iii)より，求める確率は，

$$P(A)=\frac{198}{455}+\frac{36}{455}+\frac{1}{455}$$

$$=\frac{235}{455}=\frac{47}{91}$$

しかし，分けて求めるのは面倒なため，本問の解答のように，$P(A)=1-P(\overline{A})$ を利用するとよい。

45 少なくとも1枚は表が出る事象を A とすると，$\overline{A}$ とは6枚とも裏が出る事象である。

6枚の硬貨の表裏の出方は 2^6 通りあり，6枚とも裏が出るのは1通りだから，$P(\overline{A})=\dfrac{1}{2^6}=\dfrac{1}{64}$

よって，求める確率は，

$$P(A)=1-P(\overline{A})=1-\frac{1}{64}=\frac{63}{64}$$

46 (1)3個とも白玉である事象の余事象の確率として求める。

3個とも白玉である確率は，$\dfrac{{}_5C_3}{{}_{14}C_3}=\dfrac{5}{182}$

よって，求める確率は，

$$1-\frac{5}{182}=\frac{177}{182}$$

(2)白玉が0個である事象の余事象の確率として求める。

白玉が0個とは，赤玉と黒玉の合計9個の中から3個選ぶことになるから，その確率は，

$$\frac{{}_9C_3}{{}_{14}C_3}=\frac{3}{13}$$

よって，求める確率は，$1-\dfrac{3}{13}=\dfrac{10}{13}$

⑪独立な試行の確率 ① *(p.22～23)*

47 取り出した石をもとに戻してから，ふたたび取り出すから，2回の試行は独立であり，1回目の試行

で黒石が出る確率と2回目のそれは等しい。

1回の試行で黒石が出る確率は，$\dfrac{5}{9}$

よって，求める確率は，$\left(\dfrac{5}{9}\right)^2=\dfrac{25}{81}$

48 AとBの射撃は，独立な試行である。

(1)2人とも命中する確率は，$\dfrac{3}{4}\times\dfrac{4}{5}=\dfrac{3}{5}$

(2)Bが命中しない確率は，$1-\dfrac{4}{5}=\dfrac{1}{5}$

よって，求める確率は，$\dfrac{3}{4}\times\dfrac{1}{5}=\dfrac{3}{20}$

49 袋Aと袋Bからそれぞれ玉が取り出されるとき，互いに影響を与えないから，独立な試行である。

(1)赤玉が2個とは，袋Aと袋Bからそれぞれ赤玉が1個ずつ取り出されるときに限る。

袋Aから赤玉が1個取り出される確率は，$\dfrac{5}{9}$

袋Bから赤玉が1個取り出される確率は，$\dfrac{1}{3}$

よって，求める確率は，$\dfrac{5}{9}\times\dfrac{1}{3}=\dfrac{5}{27}$

(2)次の(i), (ii)の2つの場合がある。

(i)Aから赤玉1個，Bから白玉1個となる確率は，

$$\frac{5}{9}\times\frac{2}{3}=\frac{10}{27}$$

(ii)Aから白玉1個，Bから赤玉1個となる確率は，

$$\frac{4}{9}\times\frac{1}{3}=\frac{4}{27}$$

(i), (ii)より，求める確率は，

$$\frac{10}{27}+\frac{4}{27}=\frac{14}{27}$$

(3)2個とも同色とは，次の(i)と(ii)の場合である。

(i)赤玉が2個である確率は，(1)で求めた $\dfrac{5}{27}$

(ii)白玉が2個である確率は，袋Aと袋Bからともに白玉が取り出されることだから，

$$\frac{4}{9}\times\frac{2}{3}=\frac{8}{27}$$

(i), (ii)より，求める確率は，

$$\frac{5}{27}+\frac{8}{27}=\frac{13}{27}$$

別解 2個とも同色であるのは，赤玉が1個と白玉が1個の余事象だから，求める確率は，

$$1-\frac{14}{27}=\frac{13}{27}$$

50 事象 A, B の包含関係を図で表すと，右の図のようになる。

試行 S, T が独立なので，そこでの事象 A と B は互いに起こり方に影響を与え

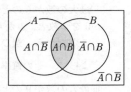

ない。A と $\overline{B}$, $\overline{A}$ と B も同様。

$P(A)=x$, $P(B)=y$ とすると,

$P(A \cap B)=P(A) \times P(B)$
$\qquad\qquad =xy$

$P(A \cap \overline{B})=P(A) \times P(\overline{B})$
$\qquad\qquad =x(1-y)=x-xy$

$P(\overline{A} \cap B)=P(\overline{A}) \times P(B)$
$\qquad\qquad =(1-x)y=y-xy$

つまり,

$P(A \cup B)=P(A \cap \overline{B})+P(A \cap B)+P(\overline{A} \cap B)$

$\dfrac{1}{2}=\dfrac{1}{3}+P(A \cap B)+P(\overline{A} \cap B)$

$\dfrac{1}{2}=\dfrac{1}{3}+y$

$y=\dfrac{1}{6}$

$P(A \cap \overline{B})=x(1-y)$ へ $y=\dfrac{1}{6}$ を代入して,

$\dfrac{1}{3}=x\left(1-\dfrac{1}{6}\right)$

$x=\dfrac{2}{5}$

よって, $P(A)=\dfrac{2}{5}$, $P(B)=\dfrac{1}{6}$

⑫独立な試行の確率 ② （p.24〜25）

51 3人の作業は, 独立な試行である。

(1)3人とも合格する確率は, $\dfrac{2}{3} \times \dfrac{3}{5} \times \dfrac{1}{2}=\dfrac{1}{5}$

(2)A, B, C のそれぞれ1人だけが合格するときを考える。

　(i) A のみ合格する確率は,

　$\dfrac{2}{3} \times \left(1-\dfrac{3}{5}\right) \times \left(1-\dfrac{1}{2}\right)=\dfrac{2}{15}$

　(ii) B のみ合格する確率は,

　$\left(1-\dfrac{2}{3}\right) \times \dfrac{3}{5} \times \left(1-\dfrac{1}{2}\right)=\dfrac{1}{10}$

　(iii) C のみ合格する確率は,

　$\left(1-\dfrac{2}{3}\right) \times \left(1-\dfrac{3}{5}\right) \times \dfrac{1}{2}=\dfrac{1}{15}$

　(i)〜(iii)より, 求める確率は,

　$\dfrac{2}{15}+\dfrac{1}{10}+\dfrac{1}{15}=\dfrac{3}{10}$

52 引いたくじをもとに戻すから, 4人がそれぞれくじを引く試行は独立である。

(1)引いたくじをもとに戻すから, 当たる確率は全員等しく, その値は $\dfrac{2}{5}$ である。

　B と D の2人だけが当たりくじを引く確率は,

　$\left(1-\dfrac{2}{5}\right) \times \dfrac{2}{5} \times \left(1-\dfrac{2}{5}\right) \times \dfrac{2}{5}=\dfrac{36}{625}$

(2)全員がはずれる事象の余事象の確率として求める

と, $1-\left(1-\dfrac{2}{5}\right)^4=\dfrac{544}{625}$

53 それぞれのさいころを投げる試行は独立である。

(1)$\dfrac{1}{6} \times \dfrac{1}{2} \times \dfrac{1}{6}=\dfrac{1}{72}$

(2)$\left(\dfrac{1}{2}\right)^3=\dfrac{1}{8}$

(3)1個のさいころで3以上の目が出る確率は $\dfrac{2}{3}$ だ

から, 求める確率は, $\left(\dfrac{2}{3}\right)^3=\dfrac{8}{27}$

54 調べた玉をもとに戻して繰り返すから, 独立な試行である。この試行を1回行うときに, それぞれの色の玉が取り出される確率を求める。

赤玉は, $\dfrac{3}{12}=\dfrac{1}{4}$

白玉は, $\dfrac{4}{12}=\dfrac{1}{3}$

青玉は, $\dfrac{5}{12}$

(1)$\dfrac{1}{4} \times \dfrac{1}{3} \times \dfrac{5}{12} \times \dfrac{1}{3}=\dfrac{5}{432}$

(2)4回目に初めて白玉が出るとは, 1回目から3回目まで, 白以外が出ていて, 4回目に白玉が出ることだから, その確率は,

$\left(\dfrac{1}{4}+\dfrac{5}{12}\right)^3 \times \dfrac{1}{3}=\dfrac{8}{81}$

⑬反復試行の確率 （p.26〜27）

55 (1)1個のさいころを1回投げるとき, 1の目が出る確率は, $\dfrac{1}{6}$

1の目が4回中2回出る確率は,

${}_4C_2\left(\dfrac{1}{6}\right)^2\left(1-\dfrac{1}{6}\right)^2=\dfrac{25}{216}$

(2)1個のさいころを1回投げるとき, 3の目が出る確率は, $\dfrac{1}{6}$

3の目が4回中3回出る確率は,

${}_4C_3\left(\dfrac{1}{6}\right)^3\left(1-\dfrac{1}{6}\right)=\dfrac{5}{324}$

56 玉を1個取り出すとき, それが赤玉である確率は $\dfrac{2}{5}$ であり, 白玉である確率は $\dfrac{3}{5}$ である。

(1)赤玉が5回中3回出る確率は,

${}_5C_3\left(\dfrac{2}{5}\right)^3\left(\dfrac{3}{5}\right)^2=\dfrac{144}{625}$

(2)白玉が5回中4回出る確率は,

${}_5C_4\left(\dfrac{3}{5}\right)^4\left(\dfrac{2}{5}\right)=\dfrac{162}{625}$

57 1枚のコインを1回投げるとき, 表が出る確率は $\dfrac{1}{2}$ である。

(1) 「6回投げて，やめになる」とは，初めの5回の
うち4回が表で，6回目にふたたび表が出ること
である。
よって，求める確率は，

$$\left\{ {}_5C_4 \left(\frac{1}{2}\right)^4 \left(\frac{1}{2}\right) \right\} \times \frac{1}{2} = \frac{5}{64}$$

(2) 「7回投げて，やめになる」とは，初めの6回の
うち4回が表で，7回目にふたたび表が出ること
である。
よって，求める確率は，

$$\left\{ {}_6C_4 \left(\frac{1}{2}\right)^4 \left(\frac{1}{2}\right)^2 \right\} \times \frac{1}{2} = \frac{15}{128}$$

☑ 注意

表が5回出たら投げるのをやめにする本問の場
合，例えば，(2)を7回で表が5回だからと，

$$ {}_7C_5 \left(\frac{1}{2}\right)^5 \left(\frac{1}{2}\right)^2 = \frac{21}{128}$$

としてしまうと，間違いである。
表が出るときを表，裏が出るときを裏と表すと，
${}_7C_5$ 通りの中には

表表表裏表表裏

などのように，6回目までに表が既に5回現れ，
終了していて，7回目を投げていないものも含
まれている。

58 4回のうちどこで1の目が出ていても当たりと判
定されるから，1の目が4回とも出ない事象の余事
象として確率を求める。
1の目が4回とも出ない確率は，

$$\left(\frac{5}{6}\right)^4 = \frac{625}{1296}$$

よって，これの余事象の確率を考えて，

$$1 - \left(\frac{5}{6}\right)^4 = 1 - \frac{625}{1296} = \frac{671}{1296}$$

59 4以下の目が5回中 x 回出るとすると，5以上の
目は $(5-x)$ 回出ることになる。4以下の目が出れ
ば，点Pの座標は3減り，5以上の目が出れば，点
Pの座標は2増えるから，さいころを5回投げたと
き，点Pの位置が原点になるには，

$$5 - 3x + 2(5-x) = 0$$
$$15 - 5x = 0$$
$$x = 3$$

よって，さいころを1個投げるとき，4以下の目が
出る確率は $\frac{2}{3}$，5以上の目が出る確率は $\frac{1}{3}$ である
から，5回目に点Pの位置が原点である確率は

$${}_5C_3 \left(\frac{2}{3}\right)^3 \left(\frac{1}{3}\right)^2 = \frac{80}{243}$$

⑭ 条件付き確率　(p.28〜29)

60 2個のさいころの目の数の和が9以上になるのは，

(3, 6), (4, 5), (4, 6), (5, 4), (5, 5), (5, 6),
(6, 3), (6, 4), (6, 5), (6, 6)
の10通りで，このうち面が同じ色であるのは，
(4, 6), (5, 5), (6, 4), (6, 6) の4通りである。
よって，求める確率は，$\dfrac{4}{10} = \dfrac{2}{5}$

61 (1) $\dfrac{1}{2} \times \dfrac{1}{2} = \dfrac{1}{4}$

(2) $1 - \dfrac{1}{2} \times \dfrac{1}{2} = \dfrac{3}{4}$

(3) $\dfrac{2\text{枚とも表である確率}}{1\text{枚が表である確率}}$ を求めればよいので，

$$\frac{1}{4} \div \frac{3}{4} = \frac{1}{3}$$

62 (1) 袋Aから赤玉を取り出す確率は，

$$\frac{1}{2} \times \frac{1}{10} = \frac{1}{20}$$

袋Bから赤玉を取り出す確率は，

$$\frac{1}{2} \times \frac{2}{10} = \frac{1}{10}$$

よって，$\dfrac{1}{20} + \dfrac{1}{10} = \dfrac{3}{20}$

(2) 1回目が袋A，2回目が袋Bの場合

$$\frac{1}{20} \times \frac{1}{10} = \frac{1}{200}$$

1回目が袋B，2回目が袋Aの場合

$$\frac{1}{10} \times \frac{1}{20} = \frac{1}{200}$$

1回目が袋B，2回目が袋Bの場合

$$\frac{1}{10} \times \left(\frac{1}{2} \times \frac{1}{9}\right) = \frac{1}{180}$$

よって，$\dfrac{1}{200} + \dfrac{1}{200} + \dfrac{1}{180} = \dfrac{7}{450}$

(3) 1回目にコインが裏である事象を C，1回目が赤
玉である事象を D とすると，(1)より，

$$P(D) = \frac{3}{20}$$
$$P(C \cap D) = P(C) \times P_C(D)$$
$$= \frac{1}{2} \times \frac{2}{10} = \frac{1}{10}$$

よって，求める確率は，

$$P_D(C) = \frac{P(C \cap D)}{P(D)} = \frac{\dfrac{1}{10}}{\dfrac{3}{20}} = \frac{2}{3}$$

63 $P(A_1 \cap A_2 \cap A_3) = \dfrac{3}{5} \times \dfrac{4}{6} \times \dfrac{5}{7} = \dfrac{2}{7}$

3回目に赤玉が出る事象では，1回目と2回目は赤
でも白でもよいので，

$$P(A_3)$$
$$= \frac{3}{5} \times \frac{4}{6} \times \frac{5}{7} + \frac{3}{5} \times \frac{2}{6} \times \frac{4}{7} + \frac{2}{5} \times \frac{3}{6} \times \frac{4}{7} + \frac{2}{5} \times \frac{3}{6} \times \frac{3}{7}$$
$$= \frac{2}{7} + \frac{4}{35} + \frac{4}{35} + \frac{3}{35} = \frac{3}{5}$$

$$P(A_2 \cap A_3) = \frac{3}{5} \times \frac{4}{6} \times \frac{5}{7} + \frac{2}{5} \times \frac{3}{6} \times \frac{4}{7} = \frac{2}{5}$$

であるから,

$$P_{A_3}(A_2) = \frac{P(A_2 \cap A_3)}{P(A_3)} = \frac{\frac{2}{5}}{\frac{3}{5}} = \frac{2}{3}$$

⑮ 期待値　　　　　　　　　　(p.30〜31)

64 1等, 2等, 3等を引く確率はそれぞれ,

$$\frac{1}{1000}, \quad \frac{5}{1000}, \quad \frac{50}{1000}$$

よって, もらえる賞金の期待値は,

$$10000 \times \frac{1}{1000} + 1000 \times \frac{5}{1000} + 100 \times \frac{50}{1000}$$

$$= 10 + 5 + 5 = \mathbf{20}\text{（円）}$$

65 賞金を20万円以上受け取るのは, A, B, Cのいずれか1人が2回勝ったとき, またはA, B, Cがそれぞれ1回ずつ勝ったときである。

Aが2回勝つ確率は, $\frac{3}{5} \cdot \frac{3}{4} = \frac{9}{20}$

A, B, Cがそれぞれ1回ずつ勝つ確率は,

$$\frac{3}{5} \cdot \frac{2}{3} \cdot \frac{1}{4} + \frac{2}{5} \cdot \frac{1}{3} \cdot \frac{3}{4} = \frac{1}{5}$$

よって, Aが受け取る優勝賞金の期待値は,

$$60 \cdot \frac{9}{20} + 20 \cdot \frac{1}{5} + 0 \cdot \left\{ 1 - \left(\frac{9}{20} + \frac{1}{5} \right) \right\} = \mathbf{31}\text{（万円）}$$

Bが2回勝つ確率は, $\frac{2}{5} \cdot \frac{2}{3} = \frac{4}{15}$

A, B, Cがそれぞれ1回ずつ勝つ確率は, $\frac{1}{5}$

よって, Bが受け取る優勝賞金の期待値は,

$$60 \cdot \frac{4}{15} + 20 \cdot \frac{1}{5} + 0 \cdot \left\{ 1 - \left(\frac{4}{15} + \frac{1}{5} \right) \right\} = \mathbf{20}\text{（万円）}$$

Cが2回勝つ確率は, $\frac{1}{3} \cdot \frac{1}{4} = \frac{1}{12}$

A, B, Cがそれぞれ1回ずつ勝つ確率は, $\frac{1}{5}$

よって, Cが受け取る優勝賞金の期待値は,

$$60 \cdot \frac{1}{12} + 20 \cdot \frac{1}{5} + 0 \cdot \left\{ 1 - \left(\frac{1}{12} + \frac{1}{5} \right) \right\} = \mathbf{9}\text{（万円）}$$

66 (1)大小2つのさいころの目について, その差の絶対値を表にすると,

大＼小	1	2	3	4	5	6
1	0	1	2	3	4	5
2	1	0	1	2	3	4
3	2	1	0	1	2	3
4	3	2	1	0	1	2
5	4	3	2	1	0	1
6	5	4	3	2	1	0

よって, 求める期待値は,

$$0 \times \frac{6}{36} + 1 \times \frac{10}{36} + 2 \times \frac{8}{36} + 3 \times \frac{6}{36} + 4 \times \frac{4}{36} + 5 \times \frac{2}{36}$$

$$= \frac{10 + 16 + 18 + 16 + 10}{36} = \frac{\mathbf{35}}{\mathbf{18}}$$

(2)大小2つとも同じ目が出る確率は, $\frac{6}{36} = \frac{1}{6}$

小さいさいころをもう一度だけ投げたときも(1)と同じ分布になるので, 求める期待値は,

$$\left(\frac{35}{18} - 0 \times \frac{1}{6} \right) + \frac{1}{6} \times \frac{35}{18} = \frac{\mathbf{245}}{\mathbf{108}}$$

67 A案：1か月あたりのおこづかいをもらえる期待値は, $2000 \times \frac{2}{3} + 6000 \times \frac{1}{3} = \frac{10000}{3}$（円）

よって1年間でもらえるおこづかいの期待値は,

$$\frac{10000}{3} \times 12 = 40000\text{（円）}$$

B案：$10000 \times 4 + 1000 \times (12-4) = 40000 + 8000$
$= 48000$（円）

C案：1か月あたりのおこづかいをもらえる期待値は,

$$8000 \times \frac{3}{6} + 100 \times \frac{3}{6} = 4050\text{（円）}$$

よって, 1年間でもらえるおこづかいの期待値は,
$4050 \times 12 = 48600$（円）
以上から, 最も有利な案は **C案**

第2章　図形の性質

⑯ 三角形の辺の比　　　　　　(p.32〜33)

68

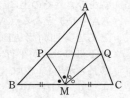

ADは∠BACの二等分線だから,
BD：DC＝AB：AC＝15：10＝3：2
BC＝20 を上の比で分けると,

DC＝$20 \times \frac{2}{5} = 8$ ……①

また, AEは∠BACの外角の二等分線だから,
BE：EC＝AB：AC＝3：2 ……②
ここで, CE＝x とおくと,
BE＝BC＋CE＝$20 + x$
だから, ②へ代入して,
$(20 + x) : x = 3 : 2$
$2(20 + x) = 3x$
$x = 40$ ……③
よって, ①, ③より,
DE＝DC＋CE＝$8 + 40 = \mathbf{48}$

69 PMは∠AMBの二等分線だから,
AP：PB
＝AM：BM ……①

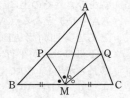

M は辺 BC の中点だから，
BM＝MC ……②
QM は ∠AMC の二等分線だから，
AQ：QC＝AM：MC ……③
①，②，③より，AP：PB＝AQ：QC
よって，PQ∥BC

70 AD は ∠A の二等分線だ
から，
AB：AC＝BD：DC
AB・DC＝AC・BD
AB：BD＝AC：DC ……①
PQ∥AD だから，平行線
と線分の長さの比により，
AB：BP＝BD：BQ
AB：BD＝BP：BQ ……②
①，②より，AC：DC＝BP：BQ
よって，BP：AC＝BQ：DC

71 BP は ∠B の二等分線だか
ら，AB：BC＝AP：PC
$AP=\dfrac{AB \cdot PC}{BC}$ ……①
CQ は ∠C の二等分線だから，
AC：CB＝AQ：QB
$AQ=\dfrac{AC \cdot QB}{BC}$ ……②
AP＝AQ＝ℓ とすれば，①，②より，
AB・PC＝AC・QB
AB(AC−ℓ)＝AC(AB−ℓ)
AB・ℓ＝AC・ℓ
ℓ≠0 より，AB＝AC
よって，△ABC は二等辺三角形である。

⑰ 三角形の辺と角　　　　(p.34〜35)

72 AD は ∠A の二等分線
だから，
∠BAD＝∠CAD ……①
△CAD において，
∠CAD＋∠ACD
＝∠ADB ……②
①，②より，∠ADB＞∠BAD
このことを△BAD に用いると，対辺の長さの関係
は，AB＞BD
同様にして，AC＞CD

73 点 A から直線 ℓ_1 に垂
線をひき，その上に
AA′＝PQ となる点 A′ を
とると，四角形 APQA′
は 1 組の対辺が平行でそ
の長さが等しいので，平行四辺形となる。
よって，AP＝A′Q

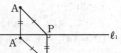

さらに，$\ell_1∥\ell_2$，PQ⊥ℓ_1（PQ⊥ℓ_2）
だから，線分 PQ の長さは常に一定である。
AP＋PQ＋QB＝A′Q＋QB＋PQ
ここで，直線 A′B と ℓ_2 との交点を Q′ とすると，
A′Q＋QB＋PQ≧A′Q′＋Q′B＋PQ
　　　　　　　　＝A′B＋PQ
となって，AP＋PQ＋QB は最小値 A′B＋PQ をとる。
**よって，A′B と直線 ℓ_2 の交点を Q，QP⊥ℓ_2 とな
る点 P をとればよい。**

74 AB＞AC だから，辺
AB 上に AE＝AC となる
点 E をとることができる。
△AEC は二等辺三角形だ
から，頂角 A の二等分線
は辺 EC を垂直に 2 等分
する。
点 P は，∠A の二等分線上にあるから，△PCE に
おいて，辺 CE の垂直二等分線上にある。
よって，△PCE は二等辺三角形となるから，
PC＝PE ……①
ここで，△PBE において，
|PB−PE|＜BE ……② が成立するが，
BE＝AB−AE＝AB−AC ……③
①，②，③より，|PB−PC|＜AB−AC

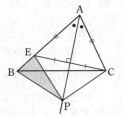

75 ∠AMD＝α，∠ADM＝β，
∠MAD＝γ とする。
AD は ∠A の二等分線だから，
∠BAD＝∠CAD ……①
次に，三角形の内角・外角
の関係より，
$\alpha+\gamma$＝∠ADC＝∠B＋∠BAD ……②
β＝∠C＋∠CAD ……③
△ABC は AB＞AC であるから，
∠C＞∠B ……④
②，③より，
∠B＝$\alpha+\gamma$−∠BAD
∠C＝β−∠CAD
これを④へ代入して，①を適用すると，
β−∠CAD＞$\alpha+\gamma$−∠BAD
β＞$\alpha+\gamma$
γ＞0 だから，β＞α となる。
△AMD にこのことを用いると，AM＞AD

⑱ 三角形の外心・内心　　　(p.36〜37)

76 点 O は外心だから，
OB＝OC ……①
よって，△OBC は二等辺三角形
だから，
∠OBC＝∠OCB ……②

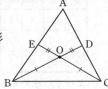

また，△OBE と △OCD において，

OE＝OD（仮定）

∠BOE＝∠COD（対頂角）

これと①をあわせて，

△OBE≡△OCD

（2組の辺とその間の角がそれぞれ等しい）

ゆえに，∠OBE＝∠OCD ……③

②，③より，

∠OBE＋∠OBC＝∠OCD＋∠OCB

つまり，∠EBC＝∠DCB

よって，△ABC は二等辺三角形である。

77 OD と AB の交点を P，OF と AC の交点を Q とする。

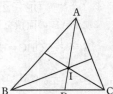

△ABC において，外心 O の対称点が D，F だから，

OD⊥AB，OF⊥AC

ゆえに，2点 P，Q は，それぞれ辺 AB，AC の中点となるから，

2PQ＝BC ……①

△ODF において，

2PQ＝FD ……②

①，②より，BC＝FD

同様に，AB＝EF，CA＝DE

3組の辺がそれぞれ等しいので，

△ABC≡△EFD

78 △ABD において，BI は ∠B の二等分線だから，

$$\dfrac{AI}{ID}＝\dfrac{AB}{BD}$$

△ACD において，CI は ∠C の二等分線だから，

$$\dfrac{AI}{ID}＝\dfrac{AC}{DC}$$

ここで $\dfrac{AB}{BD}＝\dfrac{AC}{DC}＝k$ とおくと，

AB＝k・BD，AC＝k・DC

$$\dfrac{AB＋AC}{BD＋DC}＝\dfrac{k・BD＋k・DC}{BD＋DC}＝\dfrac{k(BD＋DC)}{BD＋DC}＝k$$

よって，$\dfrac{AI}{ID}＝\dfrac{AB＋AC}{BD＋DC}＝\dfrac{AB＋AC}{BC}$

79 I は内心だから，

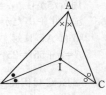

∠BIC

＝180°

$-\dfrac{1}{2}$（∠ABC＋∠ACB）

＝180°

$-\dfrac{1}{2}$（180°－∠BAC）＝90°＋∠IAB

∠IAB＞0° だから，∠BIC＞90° である。

同様に，∠CIA＞90°，∠AIB＞90°

---

⑲ 三角形の重心・垂心 （*p.38〜39*）

80 対角線 BD と AC との交点を E とすると，四角形 ABCD は平行四辺形だから，

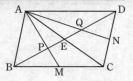

BE＝ED ……①

AE＝EC ……②

②より，BE，DE はそれぞれ △ABC，△ADC の中線である。また，2点 M，N はそれぞれ辺 BC，CD の中点であるから，AM，AN はそれぞれ △ABC，△ADC の中線である。

よって，AM と BE の交点を P とすると，P は △ABC の重心となり，

BP：PE＝2：1 ……③

同様に，AN と DE の交点を Q とすると，Q は △ADC の重心となり，

DQ：QE＝2：1 ……④

①，③，④より，

BP：(PE＋EQ)：QD＝BP：PQ：QD

＝1：1：1

よって，AM と AN は対角線 BD を 3 等分する。

81 (1) 直線 B'C と DD' の交点を E とすると，△BCB' において，

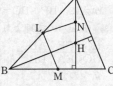

BB'∥DE

BC：DC＝2：1

ゆえに，

BB'＝2DE ……①

△CB'C' においても同様に，

CC'＝2ED' ……②

①，②より，BB'＋CC'＝2DE＋2ED'＝2DD'

(2) 点 G は重心だから，AG：GD＝2：1

これに，DD'∥AA' であることをあわせて，

AA'＝2DD'

(1)より，2DD'＝BB'＋CC'

よって，AA'＝BB'＋CC'

82 点 L，M は辺 AB，BC の中点だから，中点連結定理より，

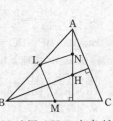

LM∥AC ……①

点 H は △ABC の垂心だから，BH⊥AC ……②

次に，△ABH において，点 N は辺 AH の中点だから，同様に LN∥BH ……③

①，②，③より，LM⊥LN

83 外接円 O の B を通る直径
を BD とすると，半円の弧に
対する円周角より，
∠BCD＝∠BAD
$\qquad$＝90° ……①
また，点 H は △ABC の垂心
だから，
AH⊥BC，HC⊥AB ……②
①，②より，AH∥DC，AD∥HC
よって，四角形 AHCD は平行四辺形となるから，
AH＝DC ……③
次に，辺 BC の中点を M とすると，点 O は直径
BD の中点だから，2OM＝DC ……④
③，④より，2OM＝AH ……⑤
AM と OH の交点を N とすると，OM∥AH であ
ることと，⑤より，
AN：NM＝2：1
ゆえに，点 N は △ABC の重心 G と一致する。
よって，3 点 O，G，H は同一直線上にある。

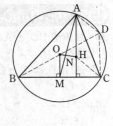

☑**注意**
3 点 O，G，H が同一直線上にあることを証明
するときに，「AM と OH との交点を G とする」
として始めてはいけない。そのように G を決
めたときに，すでに 3 点 O，G，H が同一直線
上にあることを使ってしまっている。
そのため解答では，AM と OH の交点をまず
N としてから（O，N，H は同一直線上），N
が重心になることを説明し，N と G が一致す
ることを用いた。

⑳チェバの定理・メネラウスの定理 *(p.40〜41)*

84 チェバの定理より，$\dfrac{BP}{PC}\cdot\dfrac{CQ}{QA}\cdot\dfrac{AR}{RB}=1$ が成り立

つので，$\dfrac{BP}{PC}\cdot\dfrac{1}{3}\cdot\dfrac{2}{3}=1$

よって，$\dfrac{BP}{PC}=\dfrac{9}{2}$

ゆえに，BP：PC＝**9：2**

85 チェバの定理より，

$\dfrac{BG}{GC}\cdot\dfrac{CE}{EA}\cdot\dfrac{AD}{DB}=1$ が成り

立つので，

$\dfrac{BG}{GC}\cdot\dfrac{3}{6}\cdot\dfrac{4}{5}=1$

よって，$\dfrac{BG}{GC}=\dfrac{5}{2}$

ゆえに，BG：GC＝5：2

$CG=9\times\dfrac{2}{5+2}=\dfrac{\mathbf{18}}{\mathbf{7}}$（**cm**）

86 △PBC と直線 AQ につい
て，メネラウスの定理より，
$\dfrac{BA}{AP}\cdot\dfrac{PR}{RC}\cdot\dfrac{CQ}{QB}=1$
が成り立つので，
$\dfrac{4}{3}\cdot\dfrac{PR}{RC}\cdot\dfrac{1}{1}=1$

よって，$\dfrac{PR}{RC}=\dfrac{3}{4}$
ゆえに，PR：RC＝3：4
また，$AQ=\sqrt{2^2-1^2}=\sqrt{3}$
$\triangle ABC=\dfrac{1}{2}\times2\times\sqrt{3}=\sqrt{3}$
$\triangle ABR=\dfrac{3}{4+3}\triangle ABC=\dfrac{3}{7}\times\sqrt{3}$
$\qquad=\dfrac{3\sqrt{3}}{7}$

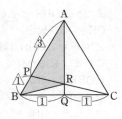

87 (1)△ABC と 直 線 OD
について，
メネラウスの定理より，
$\dfrac{AO}{OC}\cdot\dfrac{CM}{MB}\cdot\dfrac{BD}{DA}=1$
が成り立つので，
$\dfrac{5}{2}\cdot\dfrac{1}{1}\cdot\dfrac{BD}{DA}=1$

よって，$\dfrac{BD}{DA}=\dfrac{2}{5}$

ゆえに，$\dfrac{AD}{DB}=\dfrac{5}{2}$

(2)△OAB の面積を S とする。

$S_1=\dfrac{1}{2}\triangle OBC=\dfrac{1}{2}\times\dfrac{2}{2+3}\triangle OAB=\dfrac{1}{5}S$

$S_2=\dfrac{2}{5+2}\triangle MAB=\dfrac{2}{7}\times\dfrac{1}{1+1}\triangle CAB$

$\qquad=\dfrac{1}{7}\times\dfrac{3}{2+3}\triangle OAB=\dfrac{3}{35}S$

よって，$\dfrac{S_1}{S_2}=\dfrac{\dfrac{1}{5}S}{\dfrac{3}{35}S}=\dfrac{\mathbf{7}}{\mathbf{3}}$

㉑円周角 *(p.42〜43)*

88 (1)α は中心角 ∠AOC＝140° の $\overset{\frown}{AC}$ に対する円
周角だから，$\alpha=\mathbf{70°}$
$\alpha=20°+\beta$ だから，$\beta=\mathbf{50°}$
(2)α は $\overset{\frown}{AC}$ に対する円周角だから，$\alpha=\mathbf{25°}$
$\beta=\alpha+55°=25°+55°=\mathbf{80°}$

89 ∠BFC は円周の $\dfrac{1}{10}$ の弧に対する円周角だから，

∠BFC＝$360°\times\dfrac{1}{10}\times\dfrac{1}{2}$

$\qquad=18°$

α は ∠BFC の 3 倍だから，

$\alpha=18°\times3=\textbf{54}°$

ゆえに,

$\beta=\alpha+\angle BFC=54°+18°=\textbf{72}°$

90 2点 A, B は定点だから,
円周角 $\angle APB$ は一定である。
　　　　……①

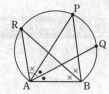

$\overarc{QPR}$ に対する円周角は,

$\angle QAR=\angle QAP+\angle PAR$
　　　　……②

$\overarc{PR}$ に対する円周角だから,

$\angle PAR=\angle PBR$ ……③

②,③より,$\angle QAR=\angle QAP+\angle PBR$ ……④

AQ と BR は,それぞれ $\angle PAB$ と $\angle PBA$ の二等

分線だから,④は,$\angle QAR=\dfrac{1}{2}(180°-\angle APB)$

これに①のことを用いると,$\angle QAR$ は一定だとわ

かる。

円周角が一定ならば,それに対する弧の長さは一定

であるから,$\overarc{QPR}$ の長さは一定である。

91 4点 A, B, C, D は同一円

周上にあるから,

$\angle ABD=\angle DCA$ (円周角)
　　　　……①

AB∥DF より,

$\angle ABD=\angle FDB$ (錯角)……②

DC∥AE より,

$\angle DCA=\angle EAC$ (錯角)……③

①,②,③より,$\angle EAF=\angle FDE$

よって,4点 A, D, E, F が同一円周上にある。

㉒ 円に内接する四角形 *(p.44〜45)*

92 (1)$\theta=\textbf{80}°$

(2)$\theta=180°-70°-35°$

　　$=\textbf{75}°$

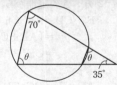

(3)$(35°+\theta)+45°$

　　$=180°-\theta$

　　よって,$\theta=\textbf{50}°$

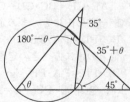

93 (1)$\angle B+\angle D=78°+107°$

　　　　　$=185°\neq180°$

　　だから,**円に内接しない。**

(2)$\angle DCB=180°-85°$

　　　$=95°$

　　だから,**円に内接する。**

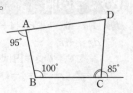

94 $\angle PDB=\angle PFB=90°$

だから,四角形 PDFB は円に

内接する。

ゆえに,

$\angle PDF+\angle PBF=180°$ ……①

ここで,四角形 ABPC は円に

内接しているから,

$\angle PBA=\angle PCE$ ……②

また,四角形 PECD も円に内接しているから,

$\angle PCE=\angle PDE$(円周角)……③

①,②,③より,

$\angle PDF+\angle PDE=\angle PDF+\angle PCE$

$=\angle PDF+\angle PBF=180°$

よって,D, E, F は同一直線上にある。

95 $\angle A=\alpha$,$\angle B=\beta$,

$\angle C=\gamma$ とする。

四角形 BPSR,CPSQ は

それぞれ円に内接するか

ら,

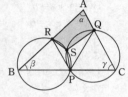

$\angle PSR=180°-\beta$

$\angle PSQ=180°-\gamma$

四角形 AQSR に関して,

$\angle QSR=360°-\angle PSR-\angle PSQ$

$=360°-(180°-\beta)-(180°-\gamma)$

$=\beta+\gamma$ ……①

△ABC の内角の和が,$\alpha+\beta+\gamma=180°$

だから,$\beta+\gamma=180°-\alpha$ ……②

①,②より,$\angle QSR=180°-\alpha$

　　　　　　　　　$=180°-\angle A$

つまり,$\angle A+\angle QSR=180°$

よって,四角形 AQSR は円に内接する。

㉓ 接線と弦の作る角 *(p.46〜47)*

96 (1)まず,$\beta=\textbf{62}°$ である。

また,

$62°+\alpha+68°=180°$

だから,$\alpha=\textbf{50}°$

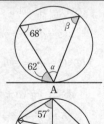

(2)右の図のように,57° と 90°

が決まるから,

$\alpha=90°-57°=\textbf{33}°$

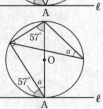

97 $\overarc{AC}=\overarc{BC}$ だから,$\overarc{AC}$,

$\overarc{BC}$ に対する円周角は等しく,

これを θ とおく。

$\angle ABC=\angle BAC=\theta$ ……①

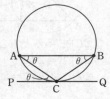

次に直線 PQ は C で円に接するから,
$\angle ACP=\angle ABC=\theta$ ……②
①, ②より, $\angle BAC=\angle ACP$
よって, $PQ \parallel AB$

98 (1)$AN=x$, $BL=y$,
CM=z とおくと, 円
の接線の性質より,
$AN=AM$
$BN=BL$
$CL=CM$
よって,
$2(x+y+z)=AB+BC+CA=a+b+c=2s$
すなわち, $x+y+z=s$
さらに,
$BC=y+z=a$
$CA=z+x=b$
$AB=x+y=c$
これらから,
$x=s-a$, $y=s-b$, $z=s-c$
ゆえに,
$AN=s-a$, $BL=s-b$, $CM=s-c$

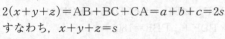

(2)①$\angle A=90°$ のとき
内心を I, 内接円
の半径を r とする
と, 四角形 AMIN
は正方形だから,
(1)より, $AN=r$
$=s-a$ ……(i)
また, 面積は,
$\triangle ABC=\frac{1}{2}AB \cdot AC=\frac{1}{2}bc$ ……(ii)
$\triangle ABC=\triangle IBC+\triangle ICA+\triangle IAB$
$=\frac{1}{2}(a+b+c)r=sr$ ……(iii)
(i), (ii), (iii)より,
$s(s-a)=\frac{1}{2}bc$
②$s(s-a)=\frac{1}{2}bc$ に $s=\frac{1}{2}(a+b+c)$ を代入す
ると, $\frac{1}{2}(a+b+c)\times\frac{1}{2}(-a+b+c)=\frac{1}{2}bc$
$(b+c)^2-a^2=2bc$
よって, $a^2=b^2+c^2$

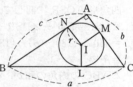

99

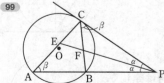

$\angle CPF=\alpha$, $\angle FCP=\beta$ とおくと,
$\angle CFE=\angle CPF+\angle FCP=\alpha+\beta$ ……①
また, $\angle BAC=\angle BCP=\beta$

$\angle CEF=\angle APE+\angle EAP=\alpha+\beta$ ……②
①, ②より, $\angle CFE=\angle CEF$
よって, $\triangle CEF$ は二等辺三角形だから, $CE=CF$

㉔ 方べきの定理　　　　　　　(p.48~49)

100 (1)方べきの定理より,
$3\times(3+5)=4\times(4+x)$
よって, $x=2$
(2)方べきの定理より, $4\times(4+x)=6^2$
よって, $x=5$

101 PA の延長と円 O の交点
を B とすると,
$\triangle OAB \backsim \triangle O'AP$
よって,
$AB:AP=OA:O'A$
$=2:1$
ゆえに, $AB=2AP=2a$
方べきの定理より,
$PT^2=PA \cdot PB=a(a+2a)=3a^2$
よって, $PT=\sqrt{3}a$

102 (1)$\angle ABC=\angle CED$
より, 4点 A, B, D, E
は同一円周上にある。
だから,
$\angle ADB=\angle AEB$(円周角)
対頂角より,
$\angle AEB=\angle CEF$
仮定より, $\angle CEF=\angle ABD$
以上より, $\angle ADB=\angle ABD$
よって, $\triangle ABD$ は二等辺三角形になり, 頂点 A
は線分 BD の垂直二等分線上にある。
(2)方べきの定理から
$BC \cdot CD=AC \cdot CE$
$=(AE+CE)\cdot CE$
$=CE^2+AE \cdot CE$
よって,
$AE \cdot CE=BC \cdot CD-CE^2$

103 一方の円に方べきの定理を用いて,
$PC \cdot PD=PA \cdot PB$ ……①
他方の円に方べきの定理を用いて,
$PE \cdot PF=PA \cdot PB$ ……②
①, ②より, $PC \cdot PD=PE \cdot PF$
よって, 4点 C, D, E, F は同一円周上にある。

㉕ 2つの円　　　　　　　　　(p.50~51)

104 (1)$d=6$, $r+r'=4+2=6$ だから,
$d=r+r'$
よって, 2つの円は外接している。イ
(2)$d=2$, $r-r'=4-1=3$ だから,

$d < r - r'$

よって，一方の円が他方の円の内部にある。**オ**

(3) $d=6$, $r'-r=5-3=2$, $r'+r=5+3=8$ だから，

$r'-r < d < r'+r$

よって，2つの円は交わっている。**ウ**

(1)

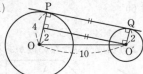

上の図のように，PQ に平行で O′ を通る直線を引くと，三平方の定理より，

$PQ^2 = 10^2 - 2^2 = 96$

$PQ = \sqrt{96} = 4\sqrt{6}$

(2)

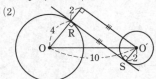

上の図のように，RS に平行で O′ を通る直線を引くと，三平方の定理より，

$RS^2 = 10^2 - (2+4)^2 = 64$

$RS = 8$

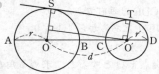

円 O，O′ の半径をそれぞれ r，r' とし，$OO'=d$ とする。

$AC = AO + OO' - CO'$

$\quad = d + r - r'$ ……①

$BD = O'D + OO' - OB$

$\quad = d + r' - r$ ……②

だから，①，②より，

$AC \cdot BD = (d+r-r')(d+r'-r)$

$\quad = \{d+(r-r')\}\{d-(r-r')\}$

$\quad = d^2 - (r-r')^2$ ……③

ここで，三平方の定理を用いると，

$ST^2 = (OO')^2 - (r-r')^2$

$\quad = d^2 - (r-r')^2$ ……④

③，④より，$ST^2 = AC \cdot BD$

☑**注意**

一般的には，r と r' の大小は定まっていないので，半径の差を $r-r'$ とするのではなく，$|r-r'|$ としておかなければならない。しかし，平方したときには，絶対値記号は不要となる。

㉖作　図

(p.52〜53)

107 (1) 点 A を通る適当な長さの線分 AE を引き，AE を延長して，2AE，3AE，4AE，5AE，6AE，7AE，8AE となる点をそれぞれ E_2，E_3，E_4，E_5，E_6，E_7，E_8 とする。

直線 BE_8 を引き，BE_8 と平行で E_5 を通る直線と線分 AB との交点が P である。

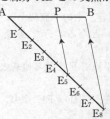

(2) 点 C を通る適当な長さの線分 CF を引き，CF を延長して，2CF，3CF，4CF，5CF，6CF，7CF となる点をそれぞれ F_2，F_3，F_4，F_5，F_6，F_7 とする。

直線 DF_3 を引き，DF_3 と平行で F_7 を通る直線と線分 CD の延長との交点が Q である。

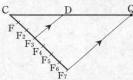

108 △ABC において，∠B の外角の二等分線と ∠C の外角の二等分線の交点を O とする。

点 O から線分 BC に垂線を引き，BC との交点を D とする。

O を中心として，半径 OD の円をかく。

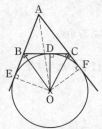

☑**注意**

上の図で，点 O から半直線 AB に引いた垂線と半直線 AB との交点を E，点 O から半直線 AC に引いた垂線と半直線 AC との交点を F とする。

△AEO と △AFO において，

AO は共通 ……①

∠AEO = ∠AFO = 90° ……②

OE = OF ……③

①，②，③より，直角三角形において，斜辺と他の 1 辺がそれぞれ等しいから，

△AEO≡△AFO
したがって，∠OAE＝∠OAF より，AO は
∠A の二等分線である。
△ABC において，∠A の二等分線と，∠B と
∠C の外角の二等分線は 1 点 O で交わる。
このような点 O を △ABC の**傍心**という。三角
形には傍心が 3 つある。

109 点 A を通る半直線を引き，その半直線上に
AC＝a，CD＝b，DE＝b となるような点 C, D,
E をとる。
直線 BD を引き，BD と平行で E を通る直線と直線
AB との交点を F とする。
このとき，BF＝x とすると，BD∥FE より，
$$1:x=(a+b):b$$
$$x=\frac{b}{a+b}$$
よって，線分 BF は長さ $\frac{b}{a+b}$ の線分である。

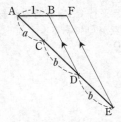

110 線分 AC の垂直二等分線と AC の交点を O とし，
O を中心として，半径 OA の円をかく。
B を通り，線分 AC に垂直な直線を引き，円 O と
の交点を D，E とする。
このとき，方べきの定理より，
BA・BC＝BD・BE
AB＝2，BC＝3，BD＝BE であるから，
$$BD^2=BE^2=6$$
よって，線分 BD，BE の長さは $\sqrt{6}$ になる。

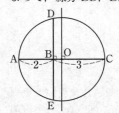

㉗ 直線と平面　　　　　　(p.54〜55)

111 (1)辺 **CG**，辺 **DH**，辺 **EH**，辺 **FG**
(2)①BF は CG に平行であり，AB と同一平面上に
あるので，AB と BF のなす角を求めればよい。
よって，AB と CG のなす角 θ は **90°**
②AE は DH に平行であり，AF と同一平面上に
あるので，AF と AE のなす角を求めればよい。

AE：EF：AF＝1：1：$\sqrt{2}$ より，AF と DH
のなす角 θ は **45°**
③AC は EG に平行であり，BD と同一平面上に
あるので，BD と AC のなす角を求めればよい。
AB：AC：BC＝1：2：$\sqrt{3}$ より，BD と EG
のなす角 θ は **60°**

112 (1)×　(2)○　(3)×　(4)×　(5)○
(1)，(3)，(4)は次のような成り立たない例がある。

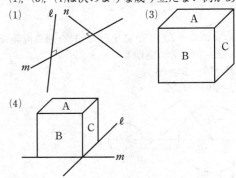

113 (1)△ABC と △ABD はともに正三角形で，E は
AB の中点だから，
AB⊥CE，AB⊥DE
CE，DE はともに平面 CDE 上にあるから，
辺 AB と平面 CDE は垂直である。
(2)CD は平面 CDE 上にあるから，(1)より，
AB⊥CD

114 EG と FH の交点を O とすると，求める角 θ は，
OD と OH のなす角である。
立方体の 1 辺の長さを a とすると，
$$OD=\frac{\sqrt{3}}{2}\times\sqrt{2}\times a=\frac{\sqrt{6}}{2}a$$
$$OH=\frac{\sqrt{2}}{2}a$$
よって，$\cos\theta=\dfrac{OH}{OD}=\dfrac{\frac{\sqrt{2}}{2}a}{\frac{\sqrt{6}}{2}a}=\dfrac{1}{\sqrt{3}}=\dfrac{\sqrt{3}}{3}$

㉘ 空間図形と多面体　　　(p.56〜57)

115 正四面体の各面は正三角形である。
1 辺の長さが 2 だから，正三角形の高さは $\sqrt{3}$
よって，1 つの面の面積は，$\frac{1}{2}\times2\times\sqrt{3}=\sqrt{3}$
表面積は，$\sqrt{3}\times4=\mathbf{4\sqrt{3}}$
正四面体の高さは，右の図のよう
に頂点と底面の重心を通る線分の
長さになるから，
$$\sqrt{2^2-\left(\frac{2\sqrt{3}}{3}\right)^2}=\frac{2\sqrt{6}}{3}$$
よって，正四面体の体積は，

重心

$\dfrac{1}{3} \times \sqrt{3} \times \dfrac{2\sqrt{6}}{3} = \dfrac{2\sqrt{2}}{3}$

116 正八面体の各面は正三角形である。

1辺の長さが2だから，正三角形の高さは $\sqrt{3}$

よって，1つの面の面積は，

$\dfrac{1}{2} \times 2 \times \sqrt{3} = \sqrt{3}$

表面積は，$\sqrt{3} \times 8 = \mathbf{8\sqrt{3}}$

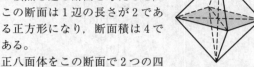

右の図のように正八面体の4つ
の頂点を通る断面を考えると，
この断面は1辺の長さが2であ
る正方形になり，断面積は4で
ある。

正八面体をこの断面で2つの四
角錐に分けて体積を考えると，それぞれ底面積が4
で，2つの四角錐の高さの和が正八面体の向かい合
う頂点を結ぶ線分の長さ $2\sqrt{2}$ となる。

よって，正八面体の体積は，

$\dfrac{1}{3} \times 4 \times 2\sqrt{2} = \dfrac{8\sqrt{2}}{3}$

117 正四面体の1つの面の面積を S，体積を V とする。

正四面体の内部の点と各頂点を結ぶと，いずれも底
面積が S である4つの四面体に分けられる。

これら四面体の高さをそれぞれ h_1, h_2, h_3, h_4 と
すると，

$\dfrac{1}{3}Sh_1 + \dfrac{1}{3}Sh_2 + \dfrac{1}{3}Sh_3 + \dfrac{1}{3}Sh_4 = V$ だから，

$h_1 + h_2 + h_3 + h_4 = \dfrac{3V}{S}$ （一定）

よって，4本の垂線の長さの和は一定である。

118 $v = \mathbf{24}$, $e = \mathbf{36}$, $f = \mathbf{14}$ だから，$v - e + f = \mathbf{2}$

第3章 数学と人間の活動

㉙ 整数の性質　　　　　　　　（p.58～60）

119 $n + 2 = 3k$ （k は整数）とおくと，

$n = 3k - 2$

$7n + 4 = 7(3k - 2) + 4 = 21k - 10$

　　　　$= 3(7k - 4) + 2$

よって，3で割ったときの余りは **2**

120 $2x + y = 3k$ （k は整数）とおくと，

$y = -2x + 3k$

$8x^2 - 10xy - 7y^2 = (2x + y)(4x - 7y)$

$= \{2x + (-2x + 3k)\}\{4x - 7(-2x + 3k)\}$

$= 3k(18x - 21k) = 9k(6x - 7k)$

$k(6x - 7k)$ は整数だから，

$8x^2 - 10xy - 7y^2$ は9の倍数である。

121 (1)$540 = \mathbf{2^2 \cdot 3^3 \cdot 5}$

(2)約数は $2^a \cdot 3^b \cdot 5^c$ の形で，

　$a = 0$, 1, 2 の3通り。

$b = 0$, 1, 2, 3 の4通り。

$c = 0$, 1 の2通り。

$3 \times 4 \times 2 = 24$ より，正の約数は **24個**

また，それらの和は，

$(2^0 + 2^1 + 2^2)(3^0 + 3^1 + 3^2 + 3^3)(5^0 + 5^1) = \mathbf{1680}$

(3)$2700 = 2^2 \cdot 3^3 \cdot 5^2$ であるから，540との最小公倍数
が2700である自然数は，$2^a \cdot 3^b \cdot 5^2$ の形で，

$a = 0$, 1, 2 の3通り。

$b = 0$, 1, 2, 3 の4通り。

$3 \times 4 = 12$ より，**12個**

122 (1)2つの自然数を $4a'$, $4b'$ （a', b' は互いに素）と
おく。

$4a'b' = 48$ より，$a'b' = 12$

a', b' は互いに素である自然数だから，

$(a', b') = (1, 12)$, $(3, 4)$

よって，2つの自然数は，

$(4a', 4b') = \mathbf{(4, 48)}$, $\mathbf{(12, 16)}$

(2)最大公約数を g とすると，$36g = 216$ より，

最大公約数 $g = 6$

2つの自然数は $6a'$, $6b'$ （a', b' は互いに素）と
表され，$6a'b' = 36$ より，$a'b' = 6$

a', b' は互いに素である自然数だから，

$(a', b') = (1, 6)$, $(2, 3)$

よって，2つの自然数は，

$(6a', 6b') = \mathbf{(6, 36)}$, $\mathbf{(12, 18)}$

123 求める分数を $\dfrac{b}{a}$ とすると，a は15と20の最大
公約数，b は14と21の最小公倍数であればよいの
で，$\dfrac{\mathbf{42}}{\mathbf{5}}$

124 (1)$315 = 195 \cdot 1 + 120$

$195 = 120 \cdot 1 + 75$

$120 = 75 \cdot 1 + 45$

$75 = 45 \cdot 1 + 30$

$45 = 30 \cdot 1 + 15$

$30 = 15 \cdot 2 + 0$

よって，**15**

(2)$4777 = 3372 \cdot 1 + 1405$

$3372 = 1405 \cdot 2 + 562$

$1405 = 562 \cdot 2 + 281$

$562 = 281 \cdot 2 + 0$

よって，**281**

125 $7n + 21 = (4n + 7) \cdot 1 + 3n + 14$

$4n + 7 = (3n + 14) \cdot 1 + n - 7$

$3n + 14 = (n - 7) \cdot 3 + 35$

よって，$n - 7$ と35の最大公約数は $4n + 7$ と
$7n + 21$ の最大公約数に等しい。

$35 = 5 \times 7$ だから，$n - 7$ は5の倍数であり，7の倍
数ではない。

$n \geqq 1$ より，$n - 7 = -5$, 5, 10, 15, ……

2 番目に小さい n の値は，$n=12$

126 (1)整数解の 1 つは，$x=3$，$y=3$ だから，
$5 \cdot 3 - 3 \cdot 3 = 6$
したがって，$5(x-3) - 3(y-3) = 0$
$x-3$ は 3 の倍数となるので，$x=3n+3$
もとの方程式に代入して計算すると，
$y=5n+3$
よって，求める整数解は，
$\begin{cases} x=3n+3 \\ y=5n+3 \end{cases}$（$n$ は整数）

(2)整数解の 1 つは，$x=4$，$y=-1$ だから，
$2 \cdot 4 + 7 \cdot (-1) = 1$
したがって，$2(x-4) + 7(y+1) = 0$
$x-4$ は 7 の倍数となるので，$x=7n+4$
もとの方程式に代入して計算すると，
$y=-2n-1$
よって，求める整数解は，
$\begin{cases} x=7n+4 \\ y=-2n-1 \end{cases}$（$n$ は整数）

㉚記数法　　　　　　　　　（p.61）

127 (1)$1 \cdot 2^5 + 0 \cdot 2^4 + 1 \cdot 2^3 + 1 \cdot 2^2 + 0 \cdot 2 + 1 \cdot 1$
$= 32 + 8 + 4 + 1 = \mathbf{45}$
(2)$2 \cdot 5^3 + 1 \cdot 5^2 + 4 \cdot 5 + 3 \cdot 1$
$= 250 + 25 + 20 + 3 = \mathbf{298}$
(3)$1 \cdot 2^0 + 1 \cdot \dfrac{1}{2} + 1 \cdot \dfrac{1}{2^2} + 0 \cdot \dfrac{1}{2^3} + 1 \cdot \dfrac{1}{2^4}$
$= 1 + \dfrac{1}{2} + \dfrac{1}{4} + \dfrac{1}{16}$
$= 1 + 0.5 + 0.25 + 0.0625$
$= \mathbf{1.8125}$

128 $96 = 1 \cdot 2^6 + 1 \cdot 2^5 + 0 \cdot 2^4 + 0 \cdot 2^3 + 0 \cdot 2^2 + 0 \cdot 2 + 0 \cdot 1$
$\qquad = \mathbf{1100000_{(2)}}$
$96 = 1 \cdot 3^4 + 0 \cdot 3^3 + 1 \cdot 3^2 + 2 \cdot 3 + 0 \cdot 1$
$\qquad = \mathbf{10120_{(3)}}$
$96 = 3 \cdot 5^2 + 4 \cdot 5 + 1 \cdot 1 = \mathbf{341_{(5)}}$

☑ **注意**

10 進数を 2 進数，3 進数，5 進数で表すには，次のように割り算をして，下から順に数字を並べていけばよい。

2 進数に	3 進数に	5 進数に
2)96	3)96	5)96
2)48…0 ↑	3)32…0 ↑	5)19…1 ↑
2)24…0	3)10…2	5) 3…4
2)12…0	3) 3…1	0…3
2) 6…0	3) 1…0	$341_{(5)}$
2) 3…0	0…1	
2) 1…1	$10120_{(3)}$	
0…1		
$1100000_{(2)}$		

129 (1)$\mathbf{10010_{(2)}}$　(2)$\mathbf{101011111_{(2)}}$

☑ **注意**

2 進数の演算は，次の計算が基本であり，これらを組み合わせて計算する。

$0_{(2)} + 0_{(2)} = 0_{(2)}$ 　　　 $0_{(2)} + 1_{(2)} = 1_{(2)}$
$1_{(2)} + 0_{(2)} = 1_{(2)}$ 　　　 $1_{(2)} + 1_{(2)} = 10_{(2)}$
$0_{(2)} \times 0_{(2)} = 0_{(2)}$ 　　 $0_{(2)} \times 1_{(2)} = 0_{(2)}$
$1_{(2)} \times 0_{(2)} = 0_{(2)}$ 　　 $1_{(2)} \times 1_{(2)} = 1_{(2)}$

(1)　　$\begin{array}{r} 1011_{(2)} \\ +)\quad 111_{(2)} \\ \hline 10010_{(2)} \end{array}$

(2)　$\begin{array}{r} 11011_{(2)} \\ \times)\quad 1101_{(2)} \\ \hline 11011 \\ 11011 \\ 11011 \\ \hline 101011111_{(2)} \end{array}$

㉛座標・測量，ゲーム　　　（p.62〜63）

130 (1)z 座標のみ符号が変わるので，$(2, 4, -3)$
(2)y 座標，z 座標の符号が変わるので，
$(2, -4, -3)$
(3)すべての座標の符号が変わるので，
$(-2, -4, -3)$

131 ①2 点 P，Q を結ぶ線分を描く。
②線分 PQ の垂直二等分線を描く。
③同様にして，2 点 Q，R と R，P を結ぶ線分の垂直二等分線を描く。
④3 本の垂直二等分線の交点を求め，A，B，C 各地点から交点に最も近い点を決定する。
以上から，最適の地点は **C** と考えられる。

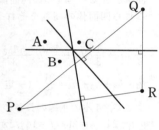

132 点 B の位置を表す座標を (x, y) とおく。
点 B から線分 OA へ垂線を下ろし，OA との交点を H とすると，
$OH=x$，$BH=y$，$AH=25-x$
△OBH について，三平方の定理より，
$OB^2 = OH^2 + BH^2$
$15^2 = x^2 + y^2$
$x^2 + y^2 = 225$ ……①
また，△ABH について，三平方の定理より，
$AB^2 = AH^2 + BH^2$
$20^2 = (25-x)^2 + y^2$
$(25-x)^2 + y^2 = 400$ ……②
①，②より，
$225 - x^2 = 400 - (25-x)^2$
$50x = 450$
$x = 9$ ……③
③を①に代入して

22

$y^2 = 225 - 81 = 144$

$y > 0$ より, $y = 12$

よって, 点 B の位置を表す座標は, (9, 12)

133 (1)円盤を小さい順に, 1, 2, 3 と名前をつける。

①1 を C に移動する。

②2 を B に移動する。

③1 を B に移動する。

④3 を C に移動する。

⑤1 を A に移動する。

⑥2 を C に移動する。

⑦1 を C に移動する。

よって, **7（回）**

(2)円盤の小さいものから順に, 1, 2, 3, …, n と番号をつけておく。

また, n 枚の円盤を全て A から C に移すのにかかる回数を A_n とすると,

$n = 1$ のとき, $A_1 = 1$

$n = 2$ のとき, $A_2 = 3$

$n = 3$ のとき, $A_3 = 7$

$n = 4$ のとき, 円盤 4 を C に移すのにかかる回数は, $8 = 7 + 1$（回）となり,

円盤 1〜3 を C に移すのは $n = 3$ のときと同様に, 7 回となるので, $A_4 = 7 + 1 + 7 = 15$

ある n $(n \geqq 2)$ について, 円盤 n を C に移すのにかかる回数は, $A_{n-1} + 1$（回）となり, 円盤 1〜$n-1$ を C に移す回数は, A_{n-1} となるので,

$A_n = A_{n-1} + 1 + A_{n-1} = 2A_{n-1} + 1$

$A_1 = 1$, $n \geqq 2$ のとき, $A_n = 2A_{n-1} + 1$ より,

$A_1 = 1 = 2^1 - 1$

$A_2 = 2A_1 + 1 = 2(2^1 - 1) + 1 = 2^2 - 1$

$A_3 = 2A_2 + 1 = 2(2^2 - 1) + 1 = 2^3 - 1$

$A_4 = 2A_3 + 1 = 2(2^3 - 1) + 1 = 2^4 - 1$

$\vdots$

よって, $A_n = 2^n - 1$（回）

これは, $n = 1$ のときも成り立つ。

☆23